First Book

統計解析がわかる

豊富な図とわかりやすい例で
実用的な統計解析がしっかり身に付く！

涌井良幸
涌井貞美　著

技術評論社

本書の利用上の注意
・数値は見やすい事を主眼にしています。有効桁など、多少不厳密な表記があることがありますが、ご容赦ください。
　なお、区間推定や棄却域における小数値の丸めは、推定や検定の誤りが少ないように行っています。たとえば、信頼区間を求める際には、上限は切り上げを、下限は切り捨てをして表示しています。
・資料は出典を明記していない場合は仮想のものです。
・利用の便を図るため、何箇所かでマイクロソフト Excel の出力例を示しています。その Excel のバージョンは Excel2007 です。

はじめに

　現代は情報の氾濫の時代と言われます。インターネットが普及し、コンピュータが身近になって、情報量が20世紀に比べ格段に増加しています。このような時代に重要なのが統計学の知識であることは、誰もが否定しないところでしょう。

　さて、統計学の狙いはたくさんのデータの裏に潜む本質を把握することです。それには資料の整理や視覚化が大切です。バラバラに見えている数値の集まりを整理し、視覚化することで、全体的な理解を深めることができます。これを可能にするのが記述統計学です。

　ところで、資料の整理や視覚化以外にも、統計学の狙いがあります。「データの裏に潜む本質」を把握することです。それを可能にするのが推測統計学です。

　推測統計学を知るには、資料に二種があることに注意を払う必要があります。一つは調査対象全体を網羅した資料です。国勢調査がその代表です。このような資料は全数調査と呼ばれる方法で得られます。全数調査で得られた資料については、その資料だけをしっかり分析すれば、統計学の目標は達成できます。というのも、すべての情報がその中に含まれているからです。これは記述統計学の分野です。

　もう一つの種類の資料は標本調査と呼ばれる調査によって得られた資料です。全数調査は費用と時間がかかります。また、製品調査のように、全数調査が不可能な場合もあります。そこで登場するのがこの標本調査と呼ばれる調査法なのです。実際、多くの資料はこの標本調査で得られます。

　統計学の本領が発揮されるのは、この標本調査で得られた資料です。少数のサンプルを抽出し、それから全体の情報を得るための技法が統計学の重要テーマなのです。これが推測統計学です。

　しかし、推測統計学は難解ともいわれています。確率論という数学の知識を前提とするからです。そこで、本書は全く数学の知識を仮定せずに統計学を解説し、統計学の良き入門書となることを目的とします。初めて統計学に触れる読者も、数学的な違和感を持たずに、本書の内容を理解することができるように解説を進めています。また、図を多用し、分かりやすい例を載せることで、より具体的に統計学を理解できるようにしています。

　本書は単純に統計学の入門書となることを目的としてはいません。実用を重んじています。書のタイトルを「統計学」ではなく「統計解析」としたのはそのためです。本書の後半では、より実用的な回帰分析や分散分析も収録しました。これらは統計学を実際に応用する際に不可欠な内容だからです。

　本書を利用して、現代の情報氾濫の社会で積極的に活躍されることを希望します。本書を作成するに際して技術評論社の渡邉悦司氏に多方面に御指導を仰ぎました。この場をお借りして感謝の意を表させて頂きます。

2010年6月　筆者

ファーストブック 統計解析がわかる Contents

はじめに …………………………………………………………………………… 3

第1章 記述統計学 …………………………………………………………… 13

1-1 記述統計学と推測統計学 ～統計学の大きな流れ …………… 14
- 資料の視覚化 ……………………………………………………… 14
- 資料の数値化 ……………………………………………………… 15

1-2 統計資料の用語 ～資料整理のための基本用語 ……………… 16
- 個票と1次データ ………………………………………………… 16
- 変量 ………………………………………………………………… 16
- データを測る尺度 ………………………………………………… 17

1-3 度数分布表 ～最も基本的な資料の整理法 …………………… 19
- 度数分布表と階級 ………………………………………………… 19
- 相対度数分布表 …………………………………………………… 20
- 累積度数分布表 …………………………………………………… 20

1-4 統計資料のグラフ化 ～資料の特徴はグラフで分かる ……… 22
- ヒストグラム ……………………………………………………… 22
- 度数折れ線 ………………………………………………………… 23

1-5 平均値、中央値、最頻値 ～資料を代表する値 ……………… 24
- 平均値 ……………………………………………………………… 24
- 度数分布表からの平均値 ………………………………………… 25
- 中央値(メジアン) ………………………………………………… 25
- 最頻値(モード) …………………………………………………… 26
- 代表値は一長一短 ………………………………………………… 26

1-6 分散と標準偏差 ～データのバラツキを表す指標 …………… 28
- 偏差 ………………………………………………………………… 28
- 変動 ………………………………………………………………… 28
- 分散 ………………………………………………………………… 29
- 標準偏差 …………………………………………………………… 29
- 度数分布表からの分散の算出 …………………………………… 31

1-7 変量の標準化 ～全体の中での位置が一目でわかる工夫 …… 32
- 変量の標準化 ……………………………………………………… 32

1-8 相関図と2変量の関係 ～多変量解析の第一歩 ……………… 34

First Book

- ●相関図 …… 34
- ●正の相関・負の相関 …… 35

1-9 共分散、相関係数 〜2変量の関係を数値化 …… 36
- ●共分散 …… 36
- ●共分散の具体例 …… 38
- ●相関係数 …… 38
- ●標準化された変量の相関係数と共分散 …… 40

第2章 確率論の基本 …… 41

2-1 確率と確率変数 〜推測統計学のための確率入門 …… 42
- ●試行と事象 …… 42
- ●確率 …… 42
- ●集合の記号を用いた確率の定義 …… 43
- ●確率変数 …… 44

2-2 確率分布 〜確率変数に対する確率の分布 …… 45
- ●確率分布 …… 45
- ●連続的な確率変数と確率密度関数 …… 45
- ●累積分布関数 …… 47
- ●パーセント点 …… 47
- ●p値 …… 48

2-3 確率変数の平均値・分散 〜変量の平均値・分散の延長上で定義 …… 49
- ●離散的な値をとる確率分布 …… 49
- ●平均値・分散の公式をΣ記号で表現 …… 51
- ●連続的な値をとる確率変数 …… 51
- ●標準偏差は確率分布の広がりの幅 …… 52

2-4 確率変数の標準化 〜平均値0、分散1に変換する公式 …… 53
- ●確率変数の変換公式 …… 53
- ●確率変数の標準化 …… 53

第3章 有名な確率分布 …… 55

3-1 一様分布 〜もっとも単純な確率分布 …… 56
- ●一様分布の公式 …… 56

- ●一様分布の実例 ……………………………………………… 57
- **3-2 ベルヌーイ分布～二者択一的な試行の確率分布** … 58
  - ●ベルヌーイ分布の公式 …………………………………… 58
  - ●ベルヌーイ分布の実例 …………………………………… 58
- **3-3 二項分布 ～反復試行で起きる現象の確率分布** … 60
  - ●二項分布の公式 …………………………………………… 60
  - ●二項分布の実例 …………………………………………… 61
- **3-4 正規分布 ～統計学の王道の分布** ………………… 62
  - ●正規分布の公式 …………………………………………… 62
  - ●正規分布の実例 …………………………………………… 63
  - ●正規分布の5%点、1%点 ………………………………… 63
  - ●Excelによる正規分布の$100p$%点の求め方 …………… 64
- **3-5 標準正規分布 ～平均値0、分散1の正規分布** … 65
  - ●標準正規分布 ……………………………………………… 65
  - ●正規分布における標準化 ………………………………… 65
  - ●正規分布表 ………………………………………………… 66
  - ●標準正規分布表のパーセント点 ………………………… 67
- **3-6 t分布 ～標本が小さいときに大事な分布** ……… 68
  - ●t分布とは ………………………………………………… 68
  - ●t分布の例 ………………………………………………… 69
  - ●t分布に関する数表 ……………………………………… 70
- **3-7 χ^2分布 ～不偏分散が従う分布** ……………………… 71
  - ●χ^2分布の公式 …………………………………………… 71
  - ●χ^2分布の例 ……………………………………………… 72
  - ●χ^2分布表 ………………………………………………… 73
- **3-8 F分布 ～分散比が従う分布** ………………………… 74
  - ●F分布の公式 ……………………………………………… 74
  - ●F分布の実例 ……………………………………………… 75
  - ●F分布に関する数表 ……………………………………… 75
- **3-9 ポアソン分布 ～希に起こる事象の分布** ………… 77
  - ●ポアソン分布の公式 ……………………………………… 77
  - ●ポアソン分布の実例 ……………………………………… 77
  - ●ポアソン分布は二項分布の極限分布 …………………… 78

3-10 二項分布の正規分布近似 〜二項分布の計算は正規分布で! ... 80
- ●二項分布の正規分布近似 ... 80
- ●正規分布近似の半整数補正 ... 80

第4章 母集団と標本 ... 83

4-1 母集団と標本抽出 〜標本抽出が統計調査の基本 ... 84
- ●母集団と標本 ... 84
- ●標本の抽出 ... 85
- ●復元抽出と非復元抽出 ... 85
- ●正規母集団 ... 86
- ●無作為抽出と乱数 ... 86

4-2 母数と推定量 〜母数を知るために着目する量が推定量 ... 87
- ●母集団と標本 ... 87
- ●統計量と標本分布 ... 88
- ●推定量と推定値 ... 89

4-3 優れた推定量の性質 〜不偏性、一致性、有効性 ... 90
- ●不偏性と不偏推定量 ... 90
- ●一致性と一致推定量 ... 91
- ●有効性と有効推定量 ... 92

4-4 推定量の自由度 〜不偏分散の分母が標本の大きさでない理由 ... 94
- ●自由度 ... 94
- ●分散の自由度 ... 95

4-5 中心極限定理 〜標本平均と正規分布の深い関係 ... 96
- ●標本平均の分布と正規分布 ... 96
- ●中心極限定理 ... 98

第5章 統計的推定 ... 99

5-1 統計的な推定とは 〜標本から母数を推定する統計的推定 ... 100
- ●標本によるゆらぎ ... 100
- ●推定のための用語 ... 100
- ●点推定と区間推定 ... 102
- ●例題 ... 102

5-2　最尤推定法による点推定 〜尤度が最大となる値を推定値とする推定法　103
- 最尤推定法の例 ………………………………… 103
- 最尤推定法の公式 ……………………………… 104
- 例題 ……………………………………………… 105

5-3　区間推定の考え方 〜幅をもって推定する方法の仕組み　106
- 標本から母数を推定 …………………………… 106
- 推定量と確率分布 ……………………………… 106
- 信頼度 …………………………………………… 107
- 信頼区間 ………………………………………… 107
- 式で表現してみよう …………………………… 109
- 信頼度95%の信頼区間の意味 ………………… 110
- 区間推定の考え方のまとめ …………………… 110
- 例題で確かめよう ……………………………… 111

5-4　正規母集団の母平均の推定（分散既知） 〜分散がわかっているときの推定法　112
- 推定値を得る …………………………………… 112
- 標本平均の確率分布を調べる ………………… 113
- 信頼度95%の信頼区間 ………………………… 113
- 信頼度を99%にしたら? ……………………… 114
- 公式としてまとめよう ………………………… 115
- 例題で確かめよう ……………………………… 116

5-5　正規母集団の母平均の推定（分散未知） 〜分散が不明のときの推定法　118
- 推定値を得る …………………………………… 118
- 標本平均の確率分布を調べる ………………… 119
- 信頼度95%の信頼区間 ………………………… 119
- 信頼度を99%にしたら? ……………………… 121
- 公式としてまとめよう ………………………… 122
- 例題で確かめよう ……………………………… 123

5-6　大きな標本における母平均の推定 〜なにも情報が無いときの推定法　124
- 推定値を得る …………………………………… 124
- 標本平均の確率分布を調べる ………………… 125
- 信頼度95%の信頼区間 ………………………… 126
- 信頼度99%の信頼区間 ………………………… 127

- ●公式としてまとめよう ……………………………………………… 127
- ●例題で確かめよう ………………………………………………… 128

5-7 母比率の推定 〜標本比率から母比率を推定 … 129
- ●母集団分布はベルヌーイ分布 …………………………………… 129
- ●支持率の確率分布を調べる ……………………………………… 130
- ●信頼度95%の信頼区間 …………………………………………… 131
- ●公式としてまとめよう ……………………………………………… 132
- ●例題で確かめよう ………………………………………………… 132

5-8 母分散の推定 〜正規母集団の分散の推定 …… 133
- ●不偏分散の推定値を得る ………………………………………… 133
- ●不偏分散の分布はχ^2分布 …………………………………… 134
- ●信頼度95%の信頼区間 …………………………………………… 134
- ●公式としてまとめよう ……………………………………………… 135
- ●例題で確かめよう ………………………………………………… 135

第6章 統計的検定 …………………………………………………… 137

6-1 統計的検定の考え方 〜標本から仮説の真偽を判定するのが検定 …… 138
- ●起こりにくい事が起きたら仮説を疑う、が検定の考え方 ………… 138
- ●棄てたい仮説が帰無仮説、主張したい仮説が対立仮説 ………… 139
- ●検定で用いる統計量とその分布を設定する …………………… 140
- ●検定する際の判断基準を設定する ……………………………… 140
- ●検定の実行 ………………………………………………………… 141
- ●帰無仮説の採択 …………………………………………………… 142

6-2 片側検定と両側検定 〜対立仮説の意を汲んだ棄却域の設定 …… 143
- ●帰無仮説が棄却されやすいように棄却域を設定 ………………… 143
- ●右側、左側、両側検定をまとめると ………………………………… 145

6-3 第一種の過誤と第二種の過誤 〜検定に誤りはつきもの …… 146
- ●検定における二つの過誤 ………………………………………… 146
- ●二つの過誤を減らすように棄却域をきめる ……………………… 148
- ●第二種の過誤をあえて図示すれば ……………………………… 149
- ●二つの過誤の確率を具体例で見てみよう ……………………… 150

6-4 検定の手順 〜検定の手順は機械的 …………………… 152

- ●検定は機械的 …… 152
- ●実例で調べてみよう …… 153

6-5 母平均の検定 〜平均が変化したと思えたら …… 155
- ●検定の手順に従って処理を進める …… 155
- ●例題で確かめよう …… 157

6-6 母比率の検定 〜比率が変化したと思えたら …… 158
- ●検定の手順に従って処理を進める …… 158
- ●例題で確かめよう …… 160

6-7 母平均の差の検定 〜二つの母平均に違いがあると思えたら …… 161
- ●検定の手順に従って処理を進める …… 161
- ●例題で確かめよう …… 163

6-8 母比率の差の検定 〜二つの母比率に違いがあると思えたら …… 164
- ●検定の手順に従って処理を進める …… 164
- ●例題で確かめよう …… 166

6-9 母分散の比の検定 〜二つの母分散に違いがあると思えたら …… 167
- ●検定の手順に従って処理を進める …… 167
- ●例題で確かめよう …… 169

第7章 回帰分析 …… 171

7-1 単回帰分析 〜1変数を1変数で説明する分析術 …… 172
- ●線形の単回帰分析 …… 172
- ●説明変数と目的変数 …… 173
- ●回帰方程式は予測に役立つ …… 174
- ●回帰方程式は変数の関係の理解に役立つ …… 175
- ●例題で確かめてみよう …… 175

7-2 回帰方程式を求める原理 〜誤差の総和を最小にする最小2乗法 …… 176
- ●誤差の総和の残差平方和 …… 176
- ●実際に最小2乗法を実行してみよう …… 177
- ●回帰方程式の公式を導く …… 178
- ●例題で確かめてみよう …… 179

7-3 決定係数 〜回帰方程式の精度を表す …… 180
- ●変動は資料の持つ情報量を表す …… 180

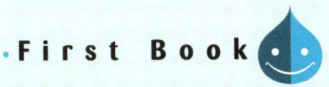

- ●回帰方程式の説明力を表す決定係数 ……………………… 181
- ●実際に決定係数を求める ……………………………………… 182
- ●Excelで決定係数を求める …………………………………… 183
- ●例題で確かめてみよう ………………………………………… 183

7-4 重回帰分析 〜1変数を複数の変数で説明する分析術 … 185
- ●重回帰分析とは ………………………………………………… 185
- ●重回帰分析の回帰方程式のイメージ ………………………… 186
- ●回帰方程式の求め方 …………………………………………… 186
- ●回帰方程式を調べてみよう …………………………………… 187
- ●回帰方程式の精度を表す決定係数 …………………………… 188
- ●例題で確かめてみよう ………………………………………… 189

第8章 分散分析 …………………………………………………………… 191

8-1 分散分析とは 〜バラツキを科学する分析術 ……………… 192
- ●因子と水準 ……………………………………………………… 193
- ●一元配置、二元配置の分散分析 ……………………………… 193
- ●例題で確かめてみよう ………………………………………… 194

8-2 一元配置の分散分析 〜1因子の効果を検証する分析術 … 195
- ●データの偏差を分解 …………………………………………… 196
- ●水準間偏差と水準内偏差を比較 ……………………………… 198
- ●水準間偏差と水準内偏差を数値化 …………………………… 198
- ●不偏分散を求める ……………………………………………… 199
- ●分散分析を支えるのはF分布 ………………………………… 200
- ●F検定の実行 …………………………………………………… 201
- ●例題を解いてみよう …………………………………………… 202

8-3 一元配置の分散分析表 〜一元配置の分散分析表の完成 … 203
- ●例題を解いてみよう …………………………………………… 206

8-4 繰り返しのない二元配置の分散分析
〜同一条件データが1つの場合の2因子の分析 …………… 207
- ●2因子の効果を判定 …………………………………………… 207
- ●考え方は一元配置の分散分析と同様 ………………………… 208
- ●因子の効果は偏差に現れる …………………………………… 208

- ●因子の効果を調べる……………………………………………… 209
- ●2因子の効果を引いたものが統計誤差 …………………………… 210
- ●不偏分散を算出…………………………………………………… 211
- ●検定開始…………………………………………………………… 212

8-5 繰り返しのない二元配置の分散分析表
～二元配置の分散分析表の完成(1) …………………… 214
- ●例題を解いてみよう……………………………………………… 217

8-6 繰り返しのある二元配置の分散分析
～同一条件のデータが複数ある場合の2因子の分析 … 218
- ●具体例で見てみると……………………………………………… 218
- ●「繰り返しのある資料」は交互作用が調べられる ……………… 219
- ●偏差を分解………………………………………………………… 220
- ●交互作用の算出…………………………………………………… 221
- ●2因子の効果を数値化…………………………………………… 222
- ●純粋な統計誤差を数値化………………………………………… 222
- ●交互作用を数値化………………………………………………… 223
- ●不偏分散を算出…………………………………………………… 224
- ●仮説検定の実行…………………………………………………… 225

8-7 繰り返しのある二元配置の分散分析表
～二元配置の分散分析表の完成(2) …………………… 227
- ●例題を解いてみよう……………………………………………… 231

- ■付録A　対数と対数尤度 ………………………………………… 232
- ■付録B　重回帰方程式の一般的な解法 ………………………… 233
- ■付録C　LINEST関数を利用して回帰分析 …………………… 235
- ■付録D　Excelで分散分析 ……………………………………… 236
- ■付録E　統計のためのExcel関数 ……………………………… 238
- ■付録F　正規分布表 ……………………………………………… 239
- ■付録G　t 分布表 ……………………………………………… 240
- ■付録H　F 分布表 ……………………………………………… 241
- ■付録I　χ^2 分布表 ……………………………………… 242

索引…………………………………………………………………… 243

第1章 記述統計学

1-1 記述統計学と推測統計学
～統計学の大きな流れ

統計学には、大きく分けて二つの分野があります。**記述統計学**と**推測統計学**です。記述統計学は資料を整理し系統立てる方法を研究します。推測統計学は資料を全体の一部と考え、その資料から全体についての情報を得る方法を研究します。本章は前者の記述統計学を調べることにします。

● 資料の視覚化

記述統計学の大きな目的の一つは、資料を視覚化し、資料の本質を直感的に理解できるようにすることです。この統計資料の視覚化には様々な形態があります。代表的なものとしては、円グラフや棒グラフ、折れ線グラフがあります。変わったところでは、株価変動を示すローソク足チャートも、記述統計学の対象になります。他にもユニークな統計資料の視覚化がいろいろと工夫されています。

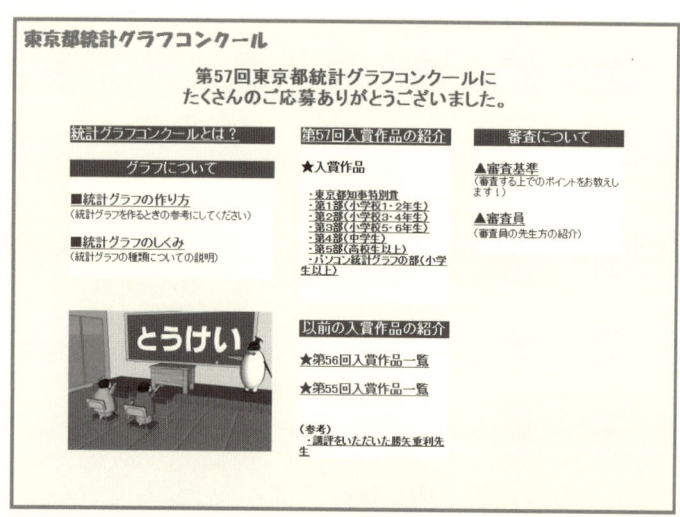

平成21年度の東京都統計グラフコンクールの入賞結果。
（出典）http://www.metrosa.org/gcontest/gc-index.htm

統計資料を視覚化することは大切です。一見乱雑に見えるデータの集まりを理解できることがあるからです。そこで、多くの自治体や企業は「グラフコンクール」を毎年開催し、優れたものを表彰しています（左図）。

資料の数値化

グラフ化する以外に、統計資料を理解させるもう一つの方法があります。それは、統計資料を代表的な数値に集約させる方法です。平均値、メジアン、モード、分散、標準偏差などが、その代表的な数値になります。

番号	身長
1	184.2
2	177.7
3	168.0
4	165.3
5	159.1
6	176.4
7	176.0
8	170.0
9	164.6
10	174.4

平均　171.6
分散　50.7
標準偏差　7.1

本章では、記述統計学について調べることにします。推測統計学については、2～3章の準備を経て、4章以降で調べることにします。

> **MEMO　ローソク足チャート**
>
> 「資料をグラフ化する」というと、「小学校で学んだ」などと軽く見る人がいます。しかし、それは大変な誤りです。資料を上手に視覚化することは資料分析力を格段に高めてくれます。
> 　一つの例が、本間宗久の発案したローソク足チャートです。江戸時代に生まれた彼は、米相場の値動きをローソク足で表現しました。その分析を通していち早く米相場の行方を見抜くことができたのです。おかげで巨万の富を築き上げ、その様は「本間様には及びもないが　せめてなりたや殿様に」と歌われたほどでした。

第1章　記述統計学

1-2 統計資料の用語
～ 資料整理のための基本用語

どの分野もそうですが、統計学をマスターするにはこの分野で用いられる言葉の意味を理解しなければなりません。ここでは次の資料を例として、統計資料の用語について調べることにします。これはA大学の男子学生10人の身長の調査結果です。

番号	身長
1	184.2
2	177.7
3	168.0
4	165.3
5	159.1
6	176.4
7	176.0
8	170.0
9	164.6
10	174.4

この資料のように、個々のデータとそのデータ名とが並んでいるものを個票という。個票のように、加工されていない生資料のことを1次データと呼ぶ。

● 個票と1次データ

統計の調査結果は通常このような表にまとめられます。これを個票といいます。個票は何の加工もされていない、もっとも原初的な資料です。このように、何の加工も施さない統計資料を1次データといいます。情報が加工によって失われていないので、統計解析では最も情報の詰まった資料です。

● 変量

上の表の「番号1番の人の身長は184.2」のように、資料の構成単位を個体といいます。そして、その個体の名称である、たとえば「番号1」をそのデータの個体名といいます。

また、資料の調査項目を変量といいます。上の資料で言うと、「身長」

がそれに対応します。変量は通常、x、yなどと、小文字のローマ字で表示されます。

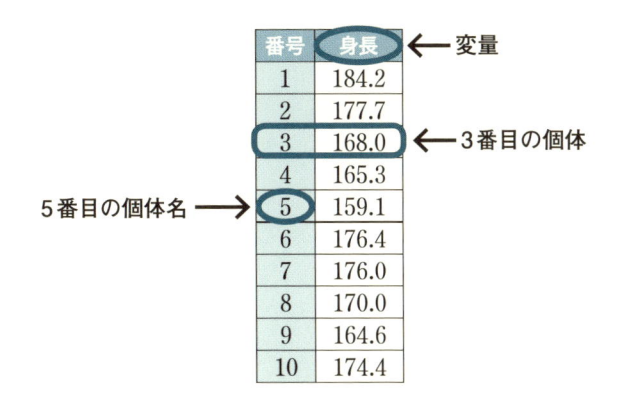

番号	身長
1	184.2
2	177.7
3	168.0
4	165.3
5	159.1
6	176.4
7	176.0
8	170.0
9	164.6
10	174.4

身長 ← 変量
3 168.0 ← 3番目の個体
5番目の個体名 → 5

後に調べる推測統計学では、変量が確率変数と読み替えられることがあります。資料における変量と、読み替えられた確率変数とをしっかり区別することが、推測統計学では重要になります。

● データを測る尺度

統計資料の中の数字は、その性質から4つの尺度により分類されます。その尺度について調べてみましょう。

		意味	例
質的データ	名義尺度	名義的に数値化を施す尺度	男を1に、女を2に数値化
	順序尺度	順序に意味がある尺度	「好き」を1、「それほどでもない」を2、「嫌い」を3に数値化
量的データ	間隔尺度	数の間隔に意味がある尺度	温度計の示す温度、時刻
	比例尺度	数値の差と共に、数値の比にも意味がある尺度	身長、体重、時間

例えば、アンケート欄の「男は1」、「女は2」という場合、これら1、2にはその数値自体に意味がありません。区別するためだけの記号です。それが名義尺度です。

また、アンケート欄の「好きは1」、「普通は2」、「嫌いは3」とある場合、1、2、3の数値自体には意味がありませんが、大小には意味があります。それが**順序尺度**です。

　間隔尺度は、この順序の概念の他に「値の間隔」にも意味がある尺度です。和や差の計算はできますが、比には意味がありません。時刻がその一例です。たとえば11時と10時で、「前者は後者より1割大きい」とはいいません。

　比例尺度は、間隔尺度に加えて、比にも意味が生じる尺度です。数学的に言うなら、原点（値が0となる点）が一義的に決まっている尺度です。身長や資産などがこの例としてあげられます。

　下図はある会社の従業員データに関係する尺度の例を示しています。

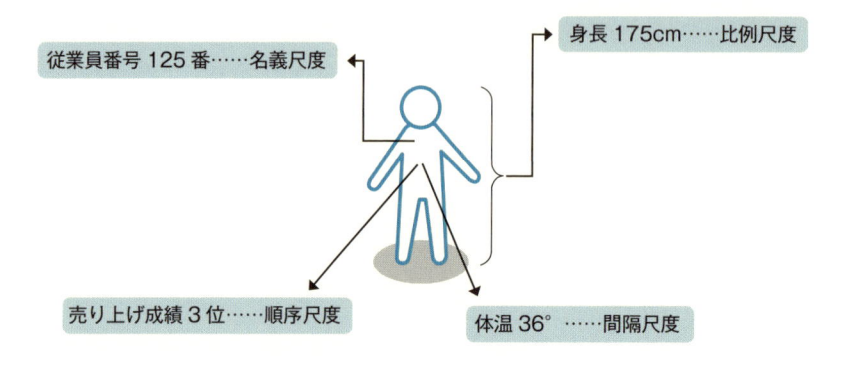

従業員番号 125 番……名義尺度
身長 175cm……比例尺度
売り上げ成績 3 位……順序尺度
体温 36°……間隔尺度

　比例尺度、間隔尺度の特性を持ったデータを**量的データ**といいます。本書はこの量的データを対象として解説を進めます。

　ちなみに、名義尺度、順序尺度は合わせて**質的データ**と呼ばれます。アンケート結果の処理では、質的データが主役となります。

> **MEMO　質的データの統計学**
>
> 　質的データに対しては通常の計算が利用できません。そこで、特別な統計解析の手段が必要になります。質的データを扱う手段として有名な技法に**数量化Ⅰ類～Ⅳ類**、**コレスポンデンス分析**などが挙げられます。

1-3 度数分布表
～最も基本的な資料の整理法

統計学の狙いは、資料の裏に潜む本質を把握することです。それには資料の整理と視覚化が役立ちます。バラバラに見えているデータを整理し、視覚化することで、全体的な理解を深められるからです。ここでは、最も基本的な整理法である度数分布表の作成について調べることにします。

● 度数分布表と階級

次の資料に含まれる20個の数値はT大学の学生20人の身長データです。

184.2、177.7、168.0、165.3、159.1、176.4、176.0、170.0、
177.3、174.5、164.6、174.4、174.8、160.8、162.1、167.0、
167.3、172.8、168.1、173.5

このような数値の羅列は我々には大変理解しにくいものです。そこで、次の表のように整理してみましょう。

階級			階級値	度数
より大		以下		
150	～	155	152.5	0
155	～	160	157.5	1
160	～	165	162.5	3
165	～	170	167.5	6
170	～	175	172.5	5
175	～	180	177.5	4
180	～	185	182.5	1
185	～	190	187.5	0

度数分布表。階級、階級幅、階級値、度数という言葉に親しもう。

このように、データを適当な間隔ごとの頻度（**度数**）で表したものを**度数分布表**といいます。そして、データの収まる各区間のことを**階級**といい、階級を代表する値を**階級値**といいます。階級値は、通常、階級の区間の中央の値を利用します。また、区間の幅を**階級幅**といいます。この表の階級幅は5です。

相対度数分布表

度数分布表の度数は資料の持つデータ数によって変動します。そこで、総度数で各度数を割って得られた値（これを相対度数といいます）からなる相対度数分布表もよく利用されます。この表を利用することで、データ数によらない割合の把握が容易になるからです。

階級			階級値	相対度数
より大		以下		
150	〜	155	152.5	0.00
155	〜	160	157.5	0.05
160	〜	165	162.5	0.15
165	〜	170	167.5	0.30
170	〜	175	172.5	0.25
175	〜	180	177.5	0.20
180	〜	185	182.5	0.05
185	〜	190	187.5	0.00

相対度数分布表。割合の把握が容易になる。

累積度数分布表

各階級の度数を積み重ねた表を累積度数分布表といいます。ある境よりも大きい（または小さい）値を持つ度数を調べるのに便利です。前のページの例で考えると、次の表が累積度数分布表となります。

階級			階級値	累積度数
より大		以下		
150	〜	155	152.5	0
155	〜	160	157.5	1
160	〜	165	162.5	4
165	〜	170	167.5	10
170	〜	175	172.5	15
175	〜	180	177.5	19
180	〜	185	182.5	20
185	〜	190	187.5	20

累積度数分布表。たとえば、身長170cm未満の人数は、と問われたなら、すぐに10と答えられる。

相対度数分布表からも、その累積度数分布表を作ることができます。この場合、最終的な累積値は1となります。

階級		階級値	累積相対度数
より大	以下		
150	～ 155	152.5	0.00
155	～ 160	157.5	0.05
160	～ 165	162.5	0.20
165	～ 170	167.5	0.50
170	～ 175	172.5	0.75
175	～ 180	177.5	0.95
180	～ 185	182.5	1.00
185	～ 190	187.5	1.00

累積相対度数分布表

MEMO: Excelによる度数分布表の作成法

ExcelのFREQUENCY関数を利用すれば、度数分布表を簡単に作成することができます（下図）。

	A	B	C	D	E	F	G	H	I	J
1					度数分布表					
2		番号	身長		階級			階級値	度数	
3					より大		以下			
4		1	184.2		150	～	155	152.5	0	
5		2	177.7		155	～	160	157.5	1	
6		3	168.0		160	～	165	162.5	3	
7		4	165.3		165	～	170	167.5	6	
8		5	159.1		170	～	175	172.5	5	
9		6	176.4		175	～	180	177.5	4	
10		7	176.0		180	～	185	182.5	1	
11		8	170.0		185	～	190	187.5	0	
12		9	177.3							
13		10	174.5							
14		11	164.6							
15		12	174.4							
16		13	174.8							
17		14	160.8							
18		15	162.1							
19		16	167.0							
20		17	167.3							
21		18	172.8							
22		19	168.1							
23		20	173.5							

セル I4 の数式: `{=FREQUENCY(C3:C22,G4:G11)}`

1-4 統計資料のグラフ化
～資料の特徴はグラフで分かる

　記述統計学の大きな目標の一つはデータの可視化です。すなわち、統計資料はグラフ化することで理解が深められます。ここでは、後述する確率分布（3章）にも関係する**ヒストグラム**と**度数折れ線**について調べることにします。例として、前節の資料をもう一度取り上げることにしましょう。

＜男子20人の身長のデータ＞

184.2、177.7、168.0、165.3、
159.1、176.4、176.0、170.0、
177.3、174.5、164.6、174.4、
174.8、160.8、162.1、167.0、
167.3、172.8、168.1、173.5

＜度数分布表＞

階級			階級値	度数
以上		未満		
150	～	155	152.5	0
155	～	160	157.5	1
160	～	165	162.5	3
165	～	170	167.5	6
170	～	175	172.5	5
175	～	180	177.5	4
180	～	185	182.5	1
185	～	190	187.5	0

● ヒストグラム

　上に示した度数分布表の階級を底辺とし、度数を高さにした右図のような棒グラフを作成してみます。これが**ヒストグラム**です。度数を高さにした棒グラフといえます

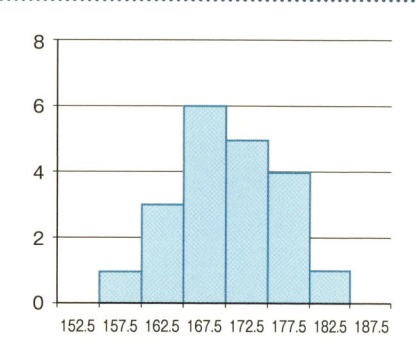

度数折れ線

　ヒストグラムを構成する各長方形の上辺の中点を結んで得られる曲線を度数折れ線といいます。ただし、左端と右端は横軸（すなわちy座標が0）から始まります。

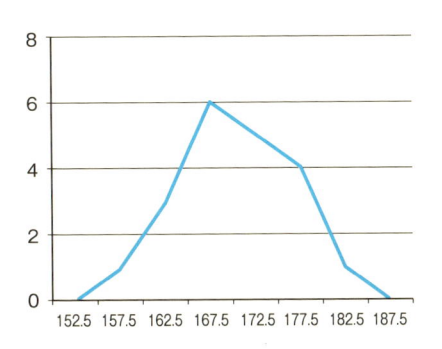

MEMO　Excelのグラフ機能の紹介

　下図の「棒グラフ」や「折れ線」の描画機能を用いれば、度数分布表から簡単にヒストグラムや度数折れ線を描くことができます。また、折れ線グラフに関しては、「散布図」の描画機能を利用してもよいでしょう。

棒グラフ、折れ線グラフを選択

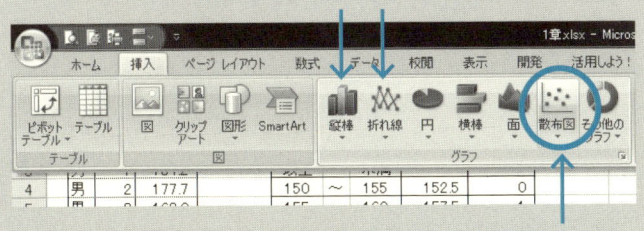

散布図（相関図）を選択

　なお、Excelの出力した図はそのままでは粗いところがあります。多少の修正が必要になります。

1-5 平均値、中央値、最頻値 〜資料を代表する値

　統計資料の多くは数値の集まりであり、それら一つ一つに目を奪われては「木を見て森を見ず」という過ちを犯す危険があります。そこで、資料を一つの数値で代表させてみましょう。それが**代表値**です。有名なものとして、平均値、中央値、最頻値があります。

● 平均値

　平均値とは個々の変量の値の総和をデータ数で割ったものです。利用される分野によって、平均点、平均所得、平均時刻などと名を変えますが、親しみがあるでしょう。たとえば、右の表で、4人の視力の平均値は次のように求められます。

名前	視力(両眼)
海野イルカ	1.2
森いずみ	0.7
原田すみれ	1.0
山野太郎	1.5

$$視力の平均値 = \frac{1.2+0.7+1.0+1.5}{4} = 1.1$$

　一般的に右のような変量xについての資料を考えてみましょう。この平均値$\bar{x}$は、式として次のように書き表されます。

$$\bar{x} = \frac{x_1+x_2+x_3+\cdots+x_n}{n} \cdots (1)$$

nは個体数です。

番号	x
1	x_1
2	x_2
3	x_3
…	…
n	x_n
総度数	n

(注) 本書では変量の平均値は変量の上にバーを付けて表わします。

　資料をヒストグラムで表すと、平均値はそのグラフの重心の位置を示します。右図はそのイメージを表しています。

　数学で利用されるΣ記号を利用すると、

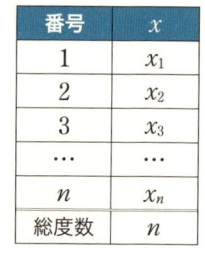

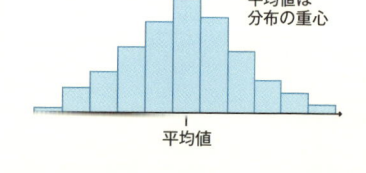

(1)の平均値の定義式は次のように表現されます。

$$\bar{x} = \frac{1}{n}\sum_{i=1}^{n} x_i$$

● 度数分布表からの平均値

変量xについての資料が度数分布表として、右のような資料にまとめられているとき、この変量xの平均値がどのように与えられるか調べてみましょう。(1)式からすぐにわかるように、次の公式で得られます。

$$\bar{x} = \frac{x_1 f_1 + x_2 f_2 + x_3 f_3 + \cdots + x_N f_N}{n}$$

階級値	度数
x_1	f_1
x_2	f_2
x_3	f_3
…	…
x_N	f_N
総度数	n

数学で利用されるΣ記号を利用すると、次のように表現されます。ここで、Nは階級数です。

$$\bar{x} = \frac{1}{n}\sum_{i=1}^{N} x_i f_i$$

● 中央値（メジアン）

データを大きさの順に並べたときに、ちょうど中央に位置する値のことを**中央値**といいます。**メジアン**とも、中位数ともいいます。

MEMO　　　　　　　Σ記号

統計学の多くの重要な式はΣ記号で表現されます。たとえば、

$$\sum_{i=1}^{n} （i の式）$$

とは、iが1からnまでの整数について（iの式）を加え合わせることを意味します。たとえばiの式がi^2ならば、

$$\sum_{i=1}^{n} i^2 = 1^2 + 2^2 + 3^2 + \cdots + n^2$$

1-5　平均値、中央値、最頻値　～資料を代表する値

たとえば、次の表のように、A～Eの5人の貯蓄高が示されたとしましょう。その中央値は600です。この例の平均値は2000ですが、この資料の場合には、中央値の方が平均値よりも良い代表値になっていると思われます。

名前	貯蓄額(万円)
Aさん	200
Bさん	400
Cさん	600
Dさん	800
Eさん	8000

データを大小順に並べてちょうど真ん中の値にくる値が中央値。この資料ではCさんの値600が中央値。

● 最頻値（モード）

度数分布表において、最も頻度（度数）の高い値のことをいいます。

たとえば、次の表は土地の販売において、価格と区画数の度数分布表です。最頻値は3600万円です。平均値3330万円、中央値3400万円に比べて、この販売資料の最適な代表値は最頻値の3600万円と思われます。

価格(万円)	区画数
2800	10
3000	15
3200	15
3400	20
3600	40

最も頻度（度数）の高い値のことを最頻値という。この資料では3600万円が最頻値。

● 代表値は一長一短

次の図は平成20年度の二人以上の世帯の「貯蓄現在高階級別世帯分布」を表したグラフです（総務省統計局より）。簡単にいえば、配偶者のいる世帯の貯蓄額です。平均値、中央値、最頻値が大きくずれています。どれを代表値とするかは、人によって、また利害によって異なるでしょう。すなわち、どれが優れた代表値かは決めかねるのです。

ところで、いろいろな代表値の中で、統計学では平均値が最も重要になります。その理由の一つとしては、中心極限定理の主役だからです。また、不偏性という性質を持つことも、理由にあげられます。

（注）不偏性、中心極限定理については、4章§3、§5で詳しく調べます。

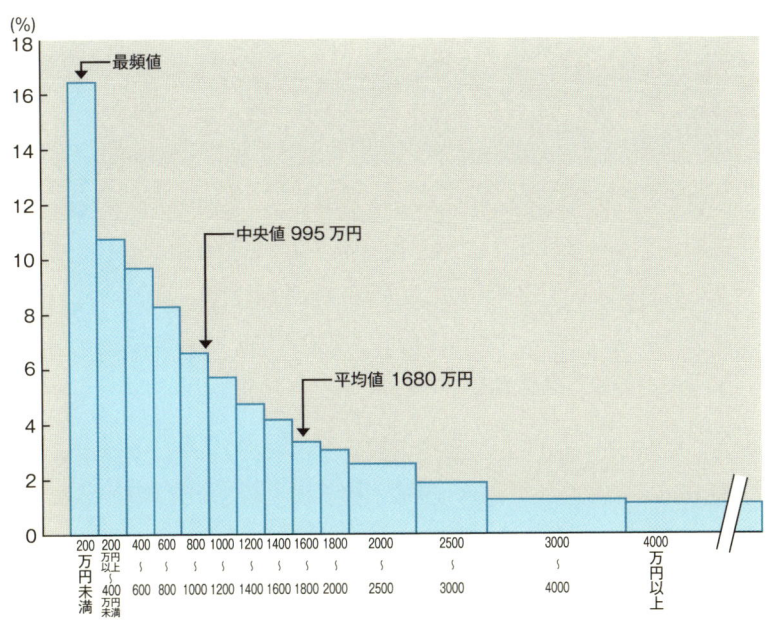

(%)
ヒストグラム：最頻値、中央値 995万円、平均値 1680万円

平成20年度の貯蓄現在高階級別世帯分布（二人以上の世帯）
http://www.stat.go.jp/data/kakei/family/4-5.htm より

MEMO　統計局のホームページは資料の宝庫

上の図は総務省統計局のウェブページにあるものを利用しています。このように、総務省統計局のウェブページには統計資料が満載されています。次のページからリンクをたどって、さまざまな統計資料を探してみるとよいでしょう。

http://www.stat.go.jp/

1-5　平均値、中央値、最頻値　〜資料を代表する値

1-6 分散と標準偏差
～データのバラツキを表す指標

　資料を代表する値、すなわち代表値として、前節では平均値、中央値、最頻値を調べました。しかし、代表値だけで資料を語ることはできません。その資料の中のデータの散らばり具合も重要です。というのは、散らばりは標準からのズレ、すなわち各データの個性を表すからです。そこで登場するのが**分散**と**標準偏差**です。

● 偏差

　最初に**偏差**について調べてみましょう。偏差とは個体の値から平均値を引いて得られる値です。たとえば、変量 x について、i 番目の個体の持つ値を x_i とし、平均値を $\bar{x}$ とすると、x_i の偏差は次のように表わされます。

　　偏差 $= x_i - \bar{x}$

要するに、偏差とは平均値からのズレを表します。

　平均値は資料全体を代表する値、すなわち「標準」の値です。俗な言い方をすれば、資料における「並み」の値です。したがって、その平均値からのズレを表す偏差は、資料を構成する各個体の「個性」と考えられます。また、個体のもつ「情報」とも言い換えることができます。

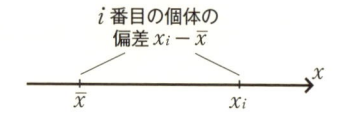

偏差 $x_i - \bar{x}$ は平均値からのズレ。そのデータの個性（すなわち情報）と考えられる。

● 変動

　「偏差」は各個体の「個性」を表します。その個性を資料全体で加えあわせれば、その資料の持つ「個性全体」を求めることができます。すなわち、資料の持つ「情報」を表すと考えられるのです。

ところで、個性を表す偏差を単純に加えあわせると、プラスの個性とマイナスの個性が打ち消しあって、値は0になってしまいます。そこで、全体の個性を調べるときには、各々を2乗して加えます。これを **変動** といいます。また、**偏差平方和** とも呼びます。通常、Q で表されます。

一般的に右のような資料があるとしましょう。このとき、変動 Q は次のように表されます。

$$Q = (x_1 - \bar{x})^2 + (x_2 - \bar{x})^2 + \cdots + (x_n - \bar{x})^2 \cdots (1)$$

n は個体数、$\bar{x}$ は平均値です。

番号	x
1	x_1
2	x_2
3	x_3
…	…
n	x_n

分散

変動 Q は資料が大きいほど、値も大きくなってしまいます。ばらつきが小さく個性の少ない単調な資料でも、データが増えれば(1)の値 Q は大きくなってしまうからです。そこで、個体数 n で割ってみましょう。こうすれば、その欠点が避けられます。

$$s^2 = \frac{(x_1 - \bar{x})^2 + (x_2 - \bar{x})^2 + \cdots + (x_n - \bar{x})^2}{n} \cdots (2)$$

この値を変量 x の **分散** と呼びます。通常 s^2 と記されます。Σ記号を利用すると、次のように表現されます。

$$s^2 = \frac{1}{n}\sum_{i=1}^{n}(x_i - \bar{x})^2$$

既に調べた平均値と偏差という言葉を利用するなら、分散とは「偏差の2乗平均」と表現できます。

(注) 分散は英語でVarianceといいますが、その値は通常 s^2 と表記されます。この s は標準偏差 (standard deviation) の頭文字です。この標準偏差の2乗が分散になるのです。分母を個体数 n としましたが、後に、$n-1$ とした分散（不偏分散）も調べます（4章§3）。

標準偏差

分散 s^2 の正の平方根 s を **標準偏差** と呼びます。

平方根をとることで、標準偏差は単位が変量と同じになります。例えば、

身長の資料があるとき、分散の単位は「身長の平方」、すなわち面積になってしまいます。ところが、その平方根である標準偏差は、ちゃんと「身長」の単位を持っています。したがって、標準偏差は分散よりも散らばりの目安というイメージに近い値になります。

（例）右の資料において、変量xの分散s^2、標準偏差sを求めてみましょう。

個体番号	x
1	51
2	49
3	50
4	57
5	43
平均値	50

まず、変量xの平均値$\bar{x}$を求めます。

$$\bar{x} = \frac{51+49+50+57+43}{5} = 50$$

次に、上の公式(2)と標準偏差の定義から

$$s^2 = \frac{(51-50)^2+(49-50)^2+(50-50)^2+(57-50)^2+(43-50)^2}{5} = 20$$

$$s = \sqrt{s^2} = \sqrt{20} = 2\sqrt{5} = 4.472\cdots ≒ 4.5 \quad （答）$$

イメージ的に表現すると、標準偏差は平均値から「散らばりの幅」を表します。すなわち、資料から得られるヒストグラムや度数折れ線が下図のように山型になるとき、標準偏差は山の中腹の幅の目安を表すのです。

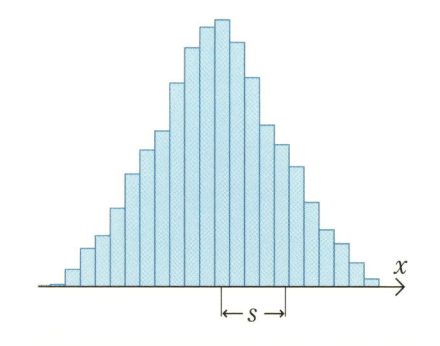

分布が山型のときに、標準偏差は中腹の幅の大まかな目安を与える。

MEMO

標準偏差と平均偏差

分布の幅を与える目安として、標準偏差以外に、平均偏差があります。平均値との差の絶対値の和を個体数で割った値です。統計学的には扱いが難しいので、あまり使われることはありません。

度数分布表からの分散の算出

変量xについての資料が度数分布表として、右の資料にまとめられているとき、この変量xの分散がどのように与えられるか調べてみましょう。(2)式からすぐにわかるように、次の公式で得られます。表のように階級数をNとすれば、

階級値	度数
x_1	f_1
x_2	f_2
x_3	f_3
…	…
x_N	f_N
総度数	n

$$s^2 = \frac{(x_1-\bar{x})^2 f_1 + (x_2-\bar{x})^2 f_2 + (x_3-\bar{x})^2 f_3 + \cdots + (x_N-\bar{x})^2 f_N}{n}$$

ここで$\bar{x}$は平均値です。数学で利用されるΣ記号を利用すると、次のように表現されます。

$$s^2 = \frac{1}{n} \sum_{i=1}^{N} (x_i - \bar{x})^2 f_i$$

MEMO　Excelによる変動、分散、標準偏差の求め方

変動、分散、標準偏差をExcelで求めるには次の関数を利用します。

統計量	関数名
変動	DEVSQ
分散	VARP
標準偏差	STDEVP

なお、分散、標準偏差を求める関数として、VARP、STDEVP以外にも、VAR、STDEVがあります。これらは不偏分散と、それから得られる標準偏差を意味します。不偏分散については4章で調べますが、混同しないよう注意が必要です。

1-7 変量の標準化
～全体の中での位置が一目でわかる工夫

個々のデータが、資料の中でどれくらいの位置にあるかを一目で分かるようにする方法があります。それが「変量の標準化」です。この標準化の変換を行うと、全体の中の各個体の位置がわかります。また、単位やスケールの異なる複数の変量間のデータの比較も行えます。

変量の標準化

右の10個の数値はA大学の学生10人の身長データです。この資料を見ただけでは、個々のデータが全体でどのような位置にあるかは、すぐには不明です。例えば7番目の身長170.0を見てください。この人の身長が全体としてどれくらい高いのか、または低いのか、見ただけでは不明です。

学生No	身長
1	184.2
2	177.7
3	176.4
4	176.0
5	168.0
6	165.3
7	170.0
8	164.6
9	159.1
10	174.4

そこで、次のような変換を施してみましょう。

$$z = \frac{x - \bar{x}}{s} \cdots (1)$$

ここでsは身長xの標準偏差（s^2は分散）、$\bar{x}$は身長xの平均です。この変換を変量の標準化といいます。

この変換を施すと、新たな変量z（すなわち標準化された変量）は次の性質を持ちます。

(1) zの平均は0、分散は1

(1)を平均値と分散の定義式に当てはめれば、標準化された変量zは平均値0、分散1（標準偏差も1）の無次元量になることが確かめられます。

(2) zが正なら平均値よりも大きく、負ならば小さい

このことは標準化の定義式(1)から明らかです。

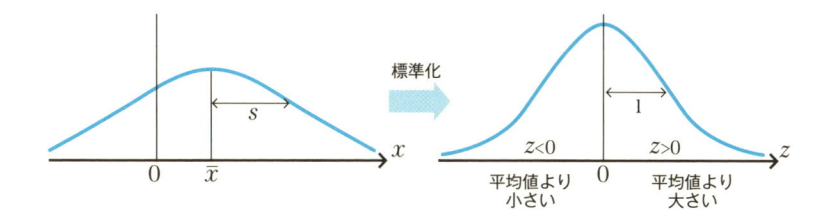

図：標準化前後の分布。左は平均 $\bar{x}$、標準偏差 s の分布、右は標準化後の分布で $z<0$ は平均値より小さい、$z>0$ は平均値より大きい。

(3) z の大きさが1より大きければ、標準より大きく離れている

標準偏差は分布の幅を表現します（前節§6）。したがって、標準化された変量 z の分散は1（すなわち、標準偏差も1）なので、大きさが1を越える値を持つデータは、平均から大きくはずれることになります。

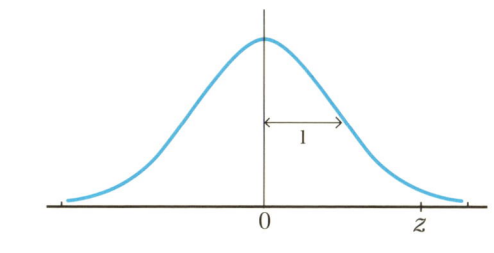

z の大きさが1を超えていると、元の x は平均 $\bar{x}$ から大きく離れている。たとえば、この図の z に対する x は平均値よりも大きく正の方向にずれている。

以上(1)〜(3)のことを実際に資料で確認してみましょう。

右の資料は、左の資料について(1)の変換を施した結果です。ここで、番号1の人の標準化された身長を見てみましょう。1.77です。1よりも大きな正の値です。このことから、かなり長身であることがわかります。

また、7番の人を見てみましょう。実際の身長は170.0cmですが、その標準化された値は−0.22です。この人の身長は平均値よりも低いけれども、だいたい平均値に近いことがわかります。

学生No	標準化値
1	1.77
2	0.86
3	0.68
4	0.62
5	−0.50
6	−0.88
7	−0.22
8	−0.98
9	−1.75
10	0.40

1-8 相関図と2変量の関係
～多変量解析の第一歩

これまでの資料は、調査対象が1項目の資料、すなわち変量の数が1個の資料を調べてきました。ここでは、変量が複数ある場合を調べることにしましょう。

相関図

資料に複数の変量が含まれているとき、それらの変量間の関係を視覚的に示す図が相関図です。散布図と呼ばれることもあります。

例として、次の資料があるとしましょう。これはA大学10人の女子大生の身長と体重とを調べた資料です。

番号	身長	体重	番号	身長	体重
1	147.9	41.7	6	158.7	59.7
2	163.5	60.2	7	172.0	58.5
3	159.8	47.0	8	161.2	49.0
4	155.1	53.2	9	153.9	46.7
5	163.3	48.3	10	161.6	44.5

各個体について、身長をx、体重をyとし、点(x, y)を平面上にプロットします。こうして得られた図が相関図（散布図）です。

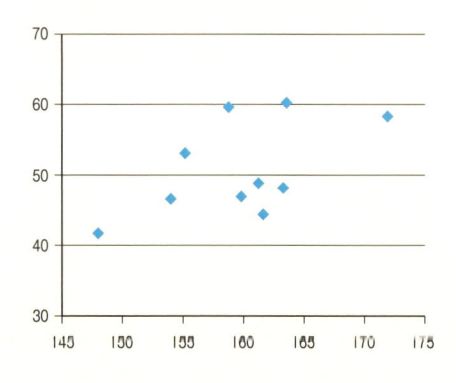

点列はおおむね右上がりに並んでいます。身長が高くなれば体重が重くなる、という当然のことを表現しています。この例が示すように、相関図は2変量の関係を視覚的に示してくれます。

正の相関・負の相関

散布図において、特徴あるパターンとして、次の3つが考えられます。ここで、変量名x、yは二つの変量を表すとします。

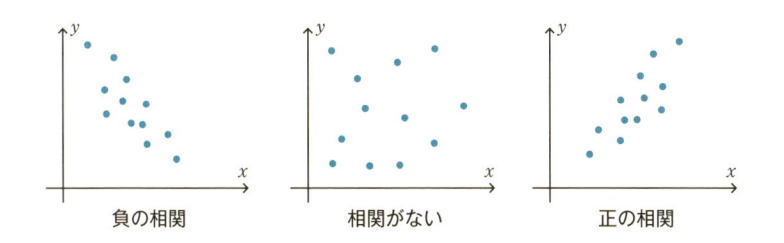

負の相関　　　相関がない　　　正の相関

右端の図は、変量xが増加すれば、変量yも増加する、という関係です（先の身長と体重の相関図がこの例です）。この関係を正の相関があるといいます。それに対して左端の図は、変量xが増加すれば、変量yは減少します。この関係を負の相関があるといいます。更に真ん中の図の場合、2変量x、yの間にはとりたてて特徴があるとはいえません。このような場合、2変量x、yに相関はないといいます。

「正の相関」、「負の相関」、「相関がない」という関係は、二つの変量の関係を調べるときに大切な関係となります。

MEMO　多変量解析

2変量以上の資料の分析のために開発された研究分野が多変量解析です。複数の変量の関係をあぶり出す学問です。7章で扱っている回帰分析も、その一分野です。通常の統計学と、この多変量解析との組み合せは、資料の理解を大きく広げてくれます。

1-9 共分散、相関係数
～2変量の関係を数値化

前節（§8）では、2つの変量の関係を図示する方法を調べました。そして、「正の相関」「負の相関」「相関がない」という関係を見ました。本節では、これらの関係を数値化する方法を調べましょう。

● 共分散

2変量 x, y に対して、$(x-\bar{x})(y-\bar{y})$ の正負を調べてみましょう。ここで、$\bar{x}$、$\bar{y}$ は2変量 x, y の平均値です。$(x-\bar{x})(y-\bar{y})$ の正負は次の図のようにまとめられます。図で、点 G $(\bar{x}, \bar{y})$ は各変量の平均値、$\bar{x}$、$\bar{y}$ を座標とする散布図の中心（重心）です。

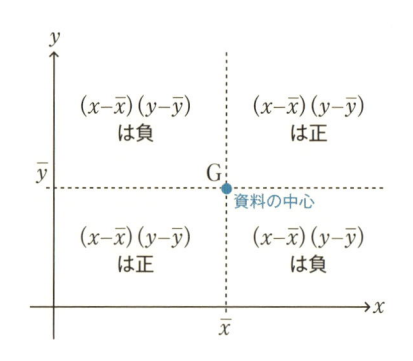

$(x-\bar{x})(y-\bar{y})$ の正負。(x, y) が右上・左下なら正、そうでなければ負になる。

この図と、前節（§8）で調べた次の図とを重ねてみましょう。

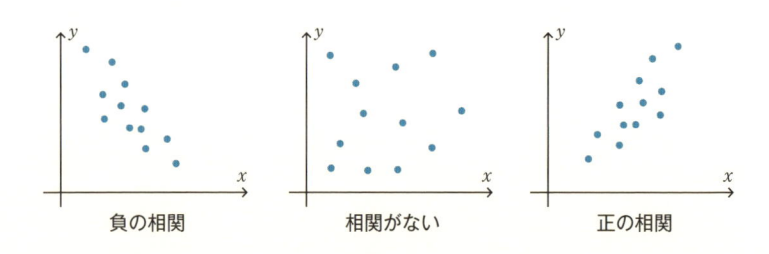

負の相関　　相関がない　　正の相関

二つの図の関係から、次の表の結論が得られます。

正の相関	$(x-\bar{x})(y-\bar{y})$ が正となる点が多い
負の相関	$(x-\bar{x})(y-\bar{y})$ が負となる点が多い
相関がない	$(x-\bar{x})(y-\bar{y})$ の正負はいろいろ

ここで、次の2変量の一般的な資料について、考えてみましょう。

個体番号	x	y
1	x_1	y_1
2	x_2	y_2
3	x_3	y_3
…	…	…
n	x_n	y_n

まず、次の和を求めてみます。

$$Q_{xy} = (x_1-\bar{x})(y_1-\bar{y}) + (x_2-\bar{x})(y_2-\bar{y}) + \cdots + (x_n-\bar{x})(y_n-\bar{y})$$

相関の正負と上の $(x-\bar{x})(y-\bar{y})$ の正負の関係から、Q_{xy} について次のことが分かります。

正の相関	$Q_{xy} > 0$
負の相関	$Q_{xy} < 0$
相関がない	$Q_{xy} \fallingdotseq 0$

ところで、資料の個体数 n が大きくなると、2変量 x、y の相関が小さくても、Q_{xy} は値が大きくなってしまいます。そこで、Q_{xy} を個体数 n で割った次の値 s_{xy} が、2変量 x、y の相関の大小を見る良い指標になります。

$$s_{xy} = \frac{1}{n}\{(x_1-\bar{x})(y_1-\bar{y}) + (x_2-\bar{x})(y_2-\bar{y}) + \cdots + (x_n-\bar{x})(y_n-\bar{y})\}$$

これを2変量 x、y の**共分散**と呼びます。

共分散は、いま調べたように次の性質を持ちます。

相関関係	正の相関	相関がない	負の相関
共分散の値	正	0に近い値	負

ちなみに、数学で用いられるΣ記号を利用すると、共分散s_{xy}は次のように表されます。

$$s_{xy} = \frac{1}{n}\sum_{i=1}^{n}(x_i - \bar{x})(y_i - \bar{y})$$

● 共分散の具体例

具体的な資料で、共分散を計算してみましょう。前節（§8）に示した女子学生の身長と体重の資料を再掲します。

番号	身長	体重	番号	身長	体重
1	147.9	41.7	6	158.7	59.7
2	163.5	60.2	7	172.0	58.5
3	159.8	47.0	8	161.2	49.0
4	155.1	53.2	9	153.9	46.7
5	163.3	48.3	10	161.6	44.5

この資料について共分散s_{xy}の値を求めてみましょう。

$$s_{xy} = \frac{1}{10}\{(147.9-159.7)(41.7-50.9)+(163.5-159.7)(60.2-50.9)\\ +\cdots+(161.6-159.7)(44.5-50.9)\} = 21.8$$

ここで、身長、体重の平均値が各々159.7、50.9であることを利用しています。共分散s_{xy}の値は大きな正の値になっています。正の相関があることが伺えます。

● 相関係数

さて、いま「共分散s_{xy}の値が大きな正の値になっているので、正の相関がある」と主張しました。それは、本節最初に示した身長と体重の相関図を知っているから自信を持って下した結論です。しかし、もし身長をキロメートルの単位で、体重をトンの単位で計算したなら、共分散の値は見掛け上非常に小さくなります。共分散の値は、資料の単位に依存してしまうからです。共分散の値の大小で相関の有無を議論するのは危険なことなのです。

相関を客観的に示す値として、単位に依存しない次の係数r_{xy}がよく利用されます。この数r_{xy}を2変量x、yの**相関係数**といいます。

$$r_{xy} = \frac{s_{xy}}{s_x s_y} \quad (s_x \text{は}x\text{の、}s_y \text{は}y\text{の標準偏差}) \cdots (1)$$

(注) この係数はPearsonの積率相関係数ともいいます。

このように定義された相関係数r_{xy}は、次の性質を持つことが証明されます。

$$-1 \leqq r_{xy} \leqq 1$$

r_{xy}の値は1に近いほど「正の相関」が強く、−1に近いほど「負の相関」が強いことを表します。また、0に近いほど相関がないことを表します。

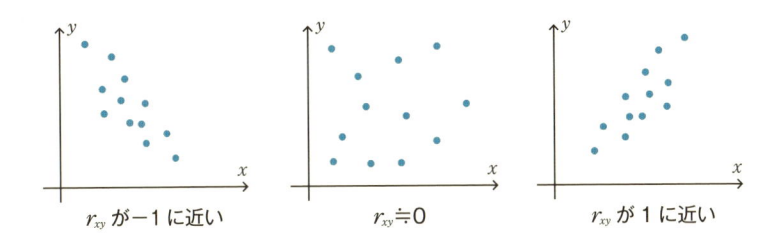

r_{xy}が−1に近い　　　$r_{xy} \fallingdotseq 0$　　　r_{xy}が1に近い

先の身長と体重の資料について、具体的に相関係数を求めてみましょう。

$$r_{sy} = \frac{21.8}{6.16 \times 6.29} \fallingdotseq 0.56$$

0と1の中間の値です。それなりに正の相関があることがわかりますが、強い相関とはいえないようです。

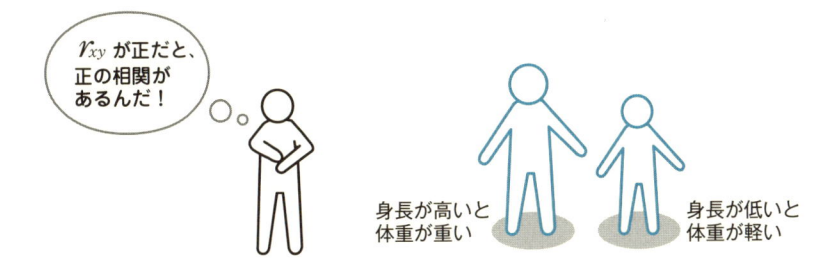

r_{xy}が正だと、正の相関があるんだ！

身長が高いと体重が重い　　　身長が低いと体重が軽い

標準化された変量の相関係数と共分散

標準化された変量のとき、標準偏差の値は1です（本章§7）。そこで、2変量x、yが標準化された変量のとき、それらの相関係数は、(1)式から

$$r_{xy} = s_{xy}$$

標準化された変量間の相関係数はその共分散と一致するのです。

MEMO　Excelによる共分散、相関係数の求め方

共分散、相関係数をExcelで求めるには次の関数を利用します。

統計量	関数名
共分散	COVAR
相関係数	CORREL
	PEARSON

CORREL、PEARSONの2関数は同一の値を算出します。PEARSONは学者の名で、(1)の相関係数がPearsonの積率相関係数と呼ばれているからです。

ところで、相関係数といっても、実はいろいろなものがあります。スピアマンの順位相関係数というものも有名です。これは順位の記載された資料に関するもので、右の表の変量x、yは1からnまでの各個体の順位データが入っていると仮定します。このとき、スピアマンの順位相関係数は次のように定義されます。

個体番号	x	y
1	x_1	y_1
2	x_2	y_2
3	x_3	y_3
…	…	…
n	x_n	y_n

$$p = 1 - \frac{6\{(x_1-y_1)^2 + (x_2-y_2)^2 + (x_3-y_3)^2 + \cdots + (x_n-y_n)^2\}}{n(n^2-1)}$$

（注）§9のピアソンの積率相関係数の公式(1)に、資料の順位を代入した値と一致します。

第 2 章
確率論の基本

2-1 確率と確率変数
～推測統計学のための確率入門

統計的な推定や検定を理解するには、数学の研究テーマである**確率**を理解する必要があります。そこで、この確率について復習してみることにしましょう。

● 試行と事象

確率を理解するにはサイコロを用いるのが最適です。そこで、サイコロを1個投げる場合を考えることにします。このとき、サイコロを「投げる」という操作を**試行**といいます。そして、その試行によって得られる結果を**事象**といいます。

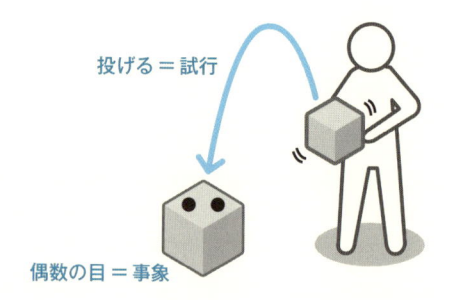

投げる＝試行

偶数の目＝事象

サイコロを投げ偶数の目が出たとき、「偶数の目の出る事象」という。

● 確率

確率とは何かを調べてみましょう。この言葉の定義をしっかり覚えておくことは、推測統計学を理解する上で大切です。

事象Aの起こる確率pは、次のように定義されます。

$$p = \frac{\text{事象}A\text{の起こる場合の数}}{\text{起こりうるすべての場合の数}} \quad \cdots \quad (1)$$

（注）確率はよくpで表わされます。英語のprobabilityの頭文字をとっているからです。

たとえば、1個のサイコロを投げて、「偶数の目の出る事象Aの確率」を求めてみましょう。この事象Aの確率pは、次のように定義されます。まず、分母にある「起こりうるすべての場合の数」を調べてみましょう。これは6通りです。なぜなら、1個のサイコロの目の出方は1〜6の6通りだからです。

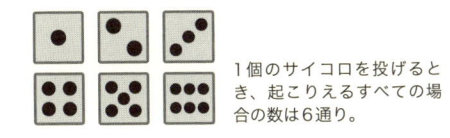

1個のサイコロを投げるとき、起こりえるすべての場合の数は6通り。

次に分子の「事象Aの起こる場合の数」を調べてみましょう。これは3通りです。というのは、偶数の目の出る確率を調べているので、2、4、6の3通りの目の出方があるからです。

事象Aの起こる場合の数は3通り。

以上より、偶数の目の出る事象Aの確率pは次のように算出されます。

$$p = \frac{3}{6} = \frac{1}{2}$$

簡単と思われるかもしれませんが、これが確率論の原理なのです。

● 集合の記号を用いた確率の定義

数学の記号を用いて、確率をもう少し厳密に定義してみましょう。

いま、ある試行において、起こりうるすべての事象の集まり(集合)をUで表します。これを**標本空間**といいます。確率を求めたい事象Aは、このUの部分集合となります。

標本空間Uを構成する一つ一つの基本的な事象(**根元事象**といいます)が同様に確からしいとき、事象Aの起こる確率$P(A)$は、(1)から次のように集合の記号で定義できます。

$$p(A) = \frac{n(A)}{n(U)} \cdots (2)$$

ここで$n(A)$は事象Aの起こる場合の数であり、$n(U)$は起こりえるすべての場合の数です。

この(1)、(2)は右のような集合のイメージで理解できます。右の図で、集合の要素が一様に枠内に散らばっているとしましょう。このとき、「起こりうるすべての場合」Uを表す長方形の面積で、対象となる事象Aを表す楕円の面積を割った値が、事象Aの起こる確率になるのです。

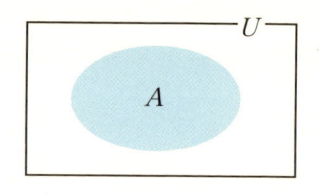

● 確率変数

確率変数とは確率的に値が定まる変数のことです。すなわち、試行をして初めて値が確定する変数のことをいいます。何をいってるのかこれでは不明でしょうから、再びサイコロを例にして調べて見ましょう。

1つのサイコロを投げる試行を考えてみます。そして、出る目をXと表すことにします。この変数Xはサイコロを投げてみて初めて値が確定します。すなわち、サイコロを投げると、目Xは1から6までのいずれかの整数値になりますが、投げ終わらないと値は決まりません。これが確率変数のアイデアです。試行をして初めて値が確定する変数を確率変数というのです。

サイコロの目Xは、サイコロを投げた結果として得られる。このように試行の結果、値が確定する変数を確率変数という。

ちなみに、変数を確率変数と解釈するとき、大文字で表記するのが普通です。1章の統計資料の中の変量は小文字で表記されていたことに留意してください。

2-2 確率分布
〜確率変数に対する確率の分布

資料を数学的に分析するには、統計モデルを作らなくてはなりません。その際にどうしても必要な知識が確率分布というアイデアです。

● 確率分布

確率的に値が定まる変数が確率変数です。ところで、確率変数の値に対応して、それが起こる確率値が与えられるとき、その対応を**確率分布**といいます。対応が表に示されていれば、その表をその確率変数の**確率分布表**と呼びます。

確率変数 X	確率
x_1	p_1
x_2	p_2
…	…
x_n	p_n

確率分布表。確率変数の値に、その値が起こるときの確率を対応させた表である。

(例) 1個のサイコロを投げたとき、出る目 X の確率分布表は次のようになります。

目 (X)	p
1	1/6
2	1/6
3	1/6
4	1/6
5	1/6
6	1/6

サイコロ1個を投げたときの、そのサイコロの目の確率分布表。

● 連続的な確率変数と確率密度関数

サイコロの目ならば、表にして確率分布を示すことができます。しかし、人の身長や製品の重さ、各種の経済指数など、連続的な値をとる変数を確

率変数とみなす場合には、表で示すことが不可能です。このような連続的な確率変数に対する確率分布を表現するのが**確率密度関数**です。この関数を$f(x)$と置くと、確率変数Xが$a \leq X \leq b$の値をとる確率は下図の斜線部分の面積で表せます。

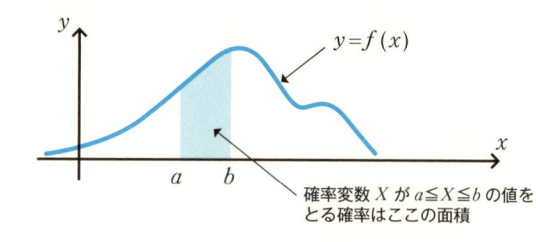

数式で示すなら、確率変数Xが$a \leq X \leq b$の値をとる確率Pは、確率密度関数$f(x)$を用いて次のように表現されます。

$$p(a \leq X \leq b) = \int_a^b f(x)\,dx$$

（例）1時から2時までの間に来訪予定の客の出現時刻

客が来訪をする時刻Tとその来訪の確率とは、下図のグラフで表されます。

（注）この客は時間に厳格であり、約束を必ず守ると仮定します。

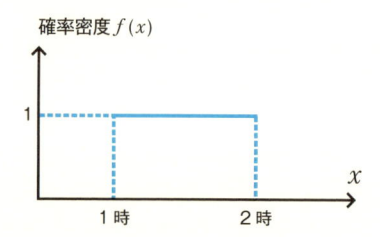

この確率密度関数$f(x)$は次の式で表されます。

$$f(x) = 1$$

たとえば、1時30分から1時36分の0.1時間に客が現れる確率pは次図の網をかけた部分の面積で与えられることになります。

$$p = 1 \times 0.1 = 0.1$$

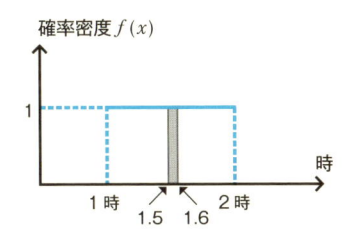

累積分布関数

推定や検定で利用される**累積分布関数**を調べましょう。これは、確率変数Xが値xより小さい値をとる確率pを与えるものです(下図)。

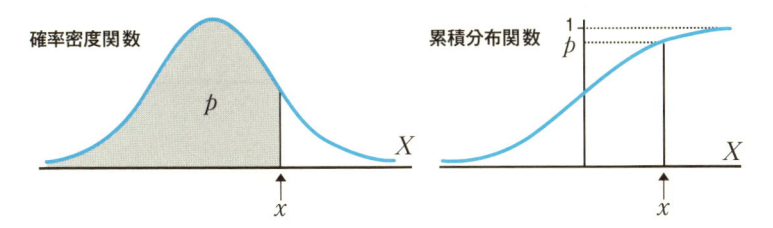

$X \leq x$を満たす確率をpとする。すると、左に示す確率密度関数のグラフでは、網をかけた部分の面積がpである。このとき、右の累積分布関数では、Xの値がxのときのy座標がpということになる。

パーセント点

後の章で調べる推定や検定で多用される言葉である**パーセント点**の意味を調べておきましょう。

上側$100p$%点と**両側$100p$%点**とは、確率密度関数の上側また両側の確率がpになるときの確率変数Xの値xのことです。この上側$100p$%点と両側$100p$%点は、まとめて、**パーセント点**と呼ばれます。

数式で表現してみましょう。上側または両側の$100p$%点を与える確率変数Xの値をxとすると、

上側$100p$パーセント点:$P(X \geq x) = p$

両側$100p$パーセント点:$P(X \geq x) = \dfrac{p}{2}$

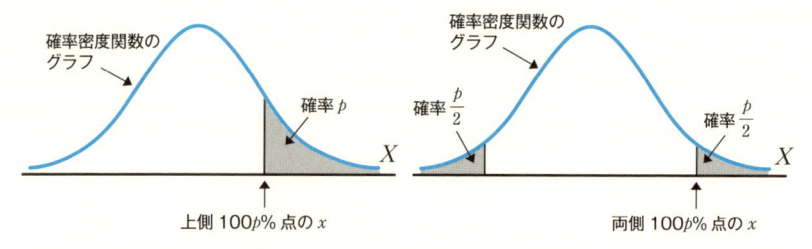

（注）右の図は分布が左右対称のときに利用されます。分布が左右対称でないときには、上側と下側とをセットにして両側100p%点を考えることがあります。

● p値

パーセント点とは逆に、確率変数Xの値xから、その上側または両側の確率を求めることも、推定や検定では大切なことです。この値を確率変数Xの値xに対する p 値と呼びます。対称な確率密度関数の場合のp値の意味を下図に示しましょう。

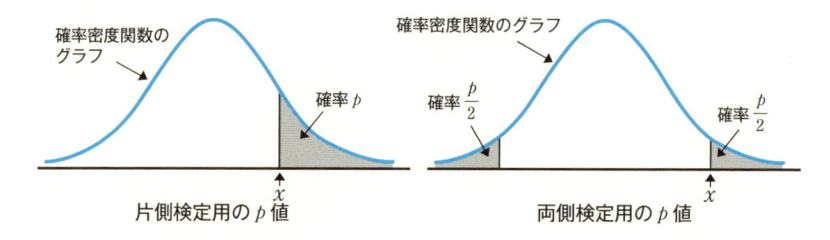

（注）右の図は分布が左右対称のときに利用されます。分布が左右対称でないときには、上側と下側とをセットにしたp値を考えることがあります。

数式では次のように表現できます。確率変数Xの値xの上側または両側の確率をpとすると、

片側検定用のp値 ： $P(X \geq x) = p$

両側検定用のp値 ： $P(X \geq x) = \dfrac{p}{2}$

定義から当然ですが、先に示したパーセント点と同じ式になっています。

（注）p値のことを、大文字でP値と表記する文献もあります。

2-3 確率変数の平均値・分散
～変量の平均値・分散の延長上で定義

1章では、資料の変量について平均値と分散、標準偏差を調べました。ところで、確率変数についても、それらに対応する特性値、すなわち平均値と分散、標準偏差があります。

● 離散的な値をとる確率分布

確率変数の平均値、分散、標準偏差は、1章で調べた変量の平均値、分散、標準偏差の延長上で定義されます。

まず、1章で調べた平均値を復習しましょう。統計資料の度数分布表が右の表のように与えられていたとします。この変量 x の平均値は次のように定義されました。

変量 x	度数
x_1	f_1
x_2	f_2
x_3	f_3
…	…
x_n	f_n
総度数	N

$$\text{平均値}: \bar{x} = \frac{x_1 f_1 + x_2 f_2 + \cdots + x_n f_n}{N}$$

多少変形してみましょう。

$$\bar{x} = x_1 \frac{f_1}{N} + x_2 \frac{f_2}{N} + \cdots + x_n \frac{f_n}{N} \quad \cdots (1)$$

$\frac{f_1}{N}, \frac{f_2}{N}, \cdots, \frac{f_n}{N}$ は変量の値 $x_1, x_2, \cdots, x_n$ が得られる相対度数（割合）であり、それらの値の得られる確率と考えられます。

では、次に確率変数について考えてみましょう。確率変数 X に対する確率分布が右のように与えられているとします。このとき、(1)で調べた変量の議論から、確率変数 X の平均値 μ は次のように定義すると良いことがわかるでしょう。

確率変数 X	確率
x_1	p_1
x_2	p_2
x_3	p_3
…	…
x_n	p_n
計	1

$$\mu = x_1 p_1 + x_2 p_2 + \cdots + x_n p_n$$

このような考えは、分散、標準偏差についても同様です。そこで、確率変数Xの平均値、分散、標準偏差は、いまの表の確率分布を用いると、次のように公式化されます。

平均値：$\mu = x_1 p_1 + x_2 p_2 + \cdots + x_n p_n$ … (2)

分散　：$\sigma^2 = (x_1 - \mu)^2 p_1 + (x_2 - \mu)^2 p_2 + \cdots + (x_n - \mu)^2 p_n$ … (3)

標準偏差：$\sigma = \sqrt{\sigma^2}$

（注）μ、σ はギリシャ文字です。μ は「ミュー」、σ は「シグマ」と読まれます。

確率変数Xの平均値μ、分散σ^2は各々記号$E(X)$、$V(X)$とも記述されます。すなわち、

平均値$\mu = E(X)$、分散$\sigma^2 = V(X)$

ここでEは期待値（Expectation Value）、Vは分散（Variance）の頭文字をとったものです。

(例) サイコロ1個を投げたときの出る目Xの平均値と分散

1個のサイコロを投げたときの確率分布表は右の表で与えられます。そこで、公式(2)(3)から

目 (X)	p
1	1/6
2	1/6
3	1/6
4	1/6
5	1/6
6	1/6

$$\text{平均値} \mu = 1 \times \frac{1}{6} + 2 \times \frac{1}{6} + \cdots + 6 \times \frac{1}{6} = 3.5$$

$$\text{分散 } \sigma^2 = (1-3.5)^2 \times \frac{1}{6} + (2-3.5)^2 \times \frac{1}{6} +$$

$$\cdots + (6-3.5)^2 \times \frac{1}{6} = \frac{35}{12} \fallingdotseq 2.9$$

$$\text{標準偏差 } \sigma = \sqrt{\frac{35}{12}} \fallingdotseq 1.7$$

平均値・分散の公式をΣ記号で表現

多くの統計学の文献では、平均値・分散の公式はΣ記号で表現されています。そこで、確認のために上の式(2)(3)に示した公式をΣ記号で表現し直してみましょう。

$$平均値：\mu = \sum_{i=1}^{n} x_i p_i$$

$$分散：\sigma^2 = \sum_{i=1}^{n} (x_i - \mu)^2 p_i$$

連続的な値をとる確率変数

連続的な確率変数の場合、先の式(2)、(3)のように、平均値や分散を和の形で単純には表現できません。確率変数 X の確率密度関数 $f(x)$ を利用して、和を積分で置き換えた次の式で表現することになります。

$$平均値： \mu = E(X) = \int_a^b x f(x) dx$$

$$分散： \sigma^2 = V(X) = \int_a^b (x-\mu)^2 f(x) dx$$

$$標準偏差： \sigma = \sqrt{\sigma^2}$$

積分範囲 a、b は、確率密度関数が定義されているすべての範囲から決められます。

(例) 1時から2時までの間に来訪予定の客の出現時刻の平均値と分散

前節（§2）で調べたように、1時から2時までの間に来訪を予定している客が家のドアをノックする確率密度関数は、右図のようなグラフ（$f(x)=1$）で表されます。

このとき、客の現れる時刻の平均値 μ、分散 σ^2 は、$f(x)=1$ なので、

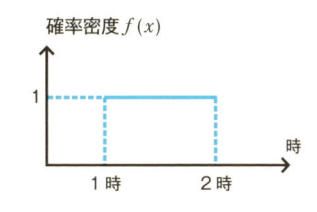

$$\mu = \int_1^2 x \times 1 dx = \left[\frac{x^2}{2}\right]_1^2 = \frac{4}{2} - \frac{1}{2} = \frac{3}{2} \quad (=1時30分)$$

$$\sigma^2 = \int_1^2 (x-\frac{3}{2})^2 \times 1 dx = \left[\frac{1}{3}(x-\frac{3}{2})^3\right]_1^2 = \frac{1}{3}\left(\frac{1}{8}+\frac{1}{8}\right) = \frac{1}{12}$$

また、標準偏差 σ は

$$\sigma = \sqrt{\sigma^2} = \sqrt{\frac{1}{12}} \fallingdotseq 0.29 \ (\fallingdotseq 17.3分)$$

(注) この (例) において、客は時間に正確であり、約束を必ず守ると仮定します。

標準偏差は確率分布の広がりの幅

変量のとき、標準偏差は資料のデータの分布の大まかな幅を与えることを調べました (1章§6)。確率変数の標準偏差も同様で、確率密度関数の大まかな幅を与えます。

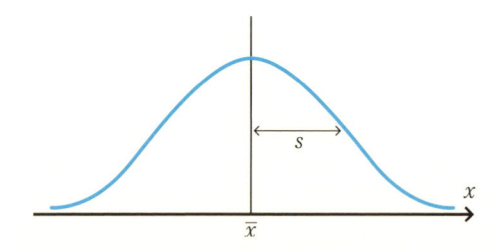

分布が山型のとき、標準偏差は確率分布の中腹の大まかな幅を与える。

(例) 1時から2時までの間に来訪予定の客の出現時刻の標準偏差

いま調べたように、この客の出現時刻の平均値と標準偏差は次の通りです。

$$\mu = 1.5、\sigma = \sqrt{\sigma^2} = 0.29 \ (\fallingdotseq 17.3分)$$

これを図示すると右図のようになります。ほぼ、平均値からの広がりの幅の半分を σ は示しています。

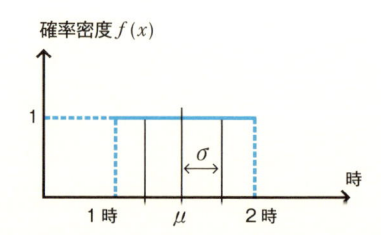

2-4 確率変数の標準化
～平均値0、分散1に変換する公式

変量についての標準化については前章で調べました（1章§7）。ここでは、確率変数Xについても、その標準化を調べることにしましょう。

● 確率変数の変換公式

次のような変換を施してみましょう。

$$Z = aX + b$$

このとき、新変数Zの平均値や分散はどのように変わるでしょうか。簡単な計算から、次の公式が生まれます。確率変数Xの平均値μを$E(X)$、分散σ^2を$V(X)$で表すと、

$$E(aX+b) = aE(X) + b$$
$$V(aX+b) = a^2 V(X)$$

（注）証明は次の＜MEMO＞参照。

● 確率変数の標準化

変換公式で、aに$\dfrac{1}{\sigma}$、bに$-\dfrac{\mu}{\sigma}$を代入した次の変数Zを作成してみます。

$$Z = \frac{X - \mu}{\sigma} \quad \cdots \quad (1)$$

すると、$E(X) = \mu$、$V(X) = \sigma^2$ より、変換公式から、

$$E(Z) = \frac{1}{\sigma} E(X) - \frac{\mu}{\sigma} = \frac{1}{\sigma}\mu - \frac{\mu}{\sigma} = 0$$

$$V(Z) = \frac{1}{\sigma^2} V(X) = \frac{1}{\sigma^2} \sigma^2 = 1$$

すなわち、確率変数の平均値は0、分散は1になるのです。この変数Zへの変換(1)を、確率変数Xの**標準化**といいます。

標準化によって、平均値や分散ごとに異なる分布を、平均値0、分散1の標準的な分布に統一することができます。逆にいえば、この標準的な分布だけを理解していれば、(1)の変換を用いることで、異なる平均値や分散を持つ分布にも対応ができるようになるのです。

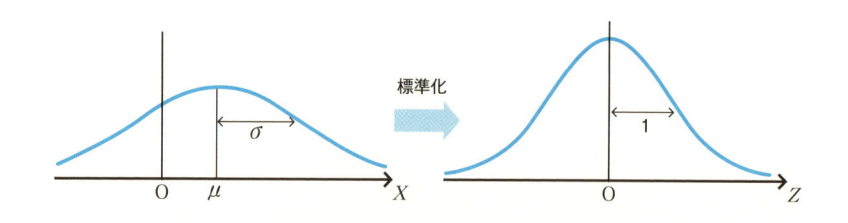

MEMO　変換公式の証明

右の表のように確率分布が与えられている時に、変換公式を証明してみましょう。

確率変数X	確率
x_1	p_1
x_2	p_2
x_3	p_3
…	…
x_n	p_n
計	1

$$E(aX+b)$$
$$=(ax_1+b)p_1+(ax_2+b)p_2+\cdots+(ax_n+b)p_n$$
$$=a(x_1p_1+x_2p_2+\cdots+x_np_n)+b(p_1+p_2+\cdots+p_n)$$
$$=aE(X)+b$$

ここで、$p_1+p_2+\cdots+p_n=1$を利用しています。

同様にして、

$$V(aX+b)=a^2V(X)$$

も簡単に示すことができます。

第3章
有名な確率分布

3-1 一様分布
～もっとも単純な確率分布

「棒を垂直に立てて、それが倒れる向きに進んでいこう」という遊びを、子供の頃にした記憶はないでしょうか。0°から360°の間のどれかの角度に等確率で倒れる棒に、自分の進む向きを託したのです。

この棒が倒れる角度のように、一定区間内のどの値を取る確率も等しい確率分布を**一様分布**といいます。

● 一様分布の公式

一様分布(uniform distribution)の公式をまとめてみましょう。

> 次の確率密度関数に従う確率分布を一様分布という。
> $$f(x) = \begin{cases} k\,(一定) & (a \leq x \leq b) \\ 0 & (x < a \text{ または } b < x) \end{cases}$$
>
> この分布に従う確率変数 X の平均値 μ、分散 σ^2 は次の式で与えられる。
> $$\mu = \frac{a+b}{2},\quad \sigma^2 = \frac{(b-a)^2}{12}$$

(注) 一定値 k は確率の総和が1なので $\dfrac{1}{b-a}$ となります。

一様分布のグラフは右図のように横軸に平行な一様なグラフとなります。これが一様分布の名前の由来です。

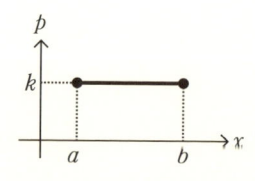

一様分布の実例

下図左に示すように、周囲の長さが10の円があるとします。その中心Cを支点とし、自由に回転できるような針CPを備えた装置（ルーレット）を考えます。円周上の一点Oから時計回りに測った弧OPの長さXは0から10までの任意の値をとる連続的な確率変数です。その分布は下図右のような一様分布になります。

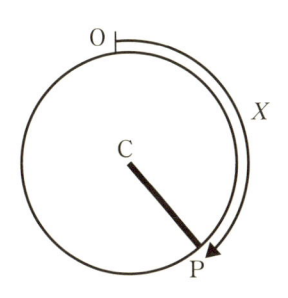

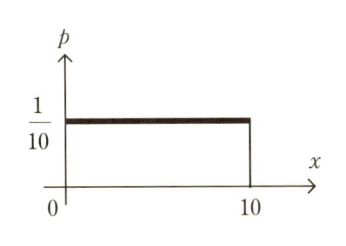

MEMO　　離散一様分布

一様分布は通常、連続分布を想定しますが、サイコロを振ったときに出る目の分布のような離散分布も一様分布と見なせます。これを**離散一様分布**といいます。ただし、連続分布のときの平均値、分散の公式は使えません。実際、平均値μと分散σ^2を求めてみましょう。

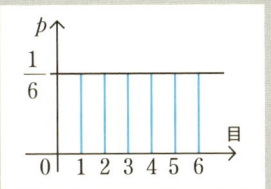

$$\mu = 1 \times \frac{1}{6} + 2 \times \frac{1}{6} + 3 \times \frac{1}{6} + 4 \times \frac{1}{6} + 5 \times \frac{1}{6} + 6 \times \frac{1}{6} = \frac{7}{2}$$

$$\sigma^2 = \left(1 - \frac{7}{2}\right)^2 \times \frac{1}{6} + \left(2 - \frac{7}{2}\right)^2 \times \frac{1}{6} + \cdots + \left(6 - \frac{7}{2}\right)^2 \times \frac{1}{6} = \frac{35}{12}$$

先の公式で$a=1$、$b=6$としたとき、平均値は一致しますが、分散は一致しません。

3-2 ベルヌーイ分布
～二者択一的な試行の確率分布

コインを投げてその表裏を調べる試行では表と裏の二通りの現象しか現れません。このよう二者択一的な試行（**ベルヌーイ試行**という）で得られる確率分布がベルヌーイ分布です。なお、ベルヌーイは17世紀のスイスの科学者の名前です。

● ベルヌーイ分布の公式

ベルヌーイ分布（Bernoulli distribution）の公式をまとめてみましょう。ただし、p、q（$=1-p$）は一定の定数とします。

> 次の確率分布に従う分布をベルヌーイ分布という。
> $$f(x) = \begin{cases} p & (x=1) \\ q(=1-p) & (x=0) \end{cases}$$
> この分布に従う確率変数Xの平均値μ、分散σ^2は次の式で与えられる。
> $$\mu = p、\sigma^2 = pq = p(1-p)$$

ベルヌーイ分布は離散分布で、その確率分布表とグラフは下図のようになります。

確率変数	0	1
確　率	$q(=1-p)$	p

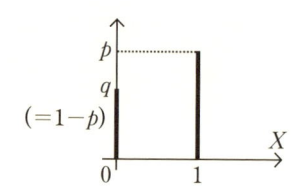

● ベルヌーイ分布の実例

ベルヌーイ分布は二者択一的な確率現象を扱う際に現れる確率分布で、身近にたくさんあります。

(例1) 表裏が同じ確率で出る1枚のコインを投げ、表が出たら1、裏が出たら0を値にとる確率変数Xを考える。この分布はベルヌーイ分布です。

X	0	1
確 率	0.5	0.5

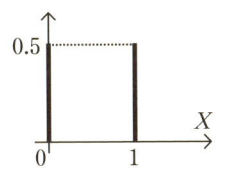

(例2) サイコロを振って1または2の目が出たら0、それ以外が出たら1を値にとる確率変数Xを考える。この分布はベルヌーイ分布です。

X	0	1
確 率	$\dfrac{1}{3}$	$\dfrac{2}{3}$

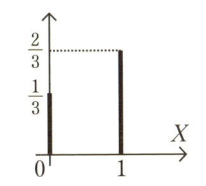

(例3) ある薬Aを患者に投与し、効いたら1、効かなかったら0を値にとる確率変数Xを考える。この分布はベルヌーイ分布です。

X	0	1
確 率	0.13	0.87

(注) 薬Aの効く確率を仮に0.87としています。

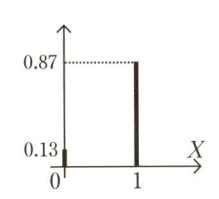

> ベルヌーイ分布は二者択一の確率現象で使うよ!!

第3章 有名な確率分布

3-2 ベルヌーイ分布 〜二者択一的な試行の確率分布

3-3 二項分布
～反復試行で起きる現象の確率分布

コインを投げたときの表の出る回数や、勝敗率一定の賭に挑戦したときの成功の回数などの分布が二項分布です。同じことを何回も繰り返したとき、ある事柄が何回起こるかの確率分布が**二項分布**であり、日常生活に多く見られます。

二項分布の公式

二項分布(binomial distribution)の公式をまとめてみましょう。

> 次の確率分布に従う分布を二項分布という。
> $$f(x) = {}_nC_x p^x (1-p)^{n-x} \quad (x = 0, 1, 2, 3, \cdots, n)$$
> この分布に従う確率変数Xの平均値μ、分散σ^2は次の式で与えられる。
> $$\mu = np,\ \sigma^2 = np(1-p)$$

（注）記号${}_nC_r$は異なるn個のものからr個選び出す場合の数で、次の式で与えられます。

$${}_nC_r = \frac{n!}{(n-r)!\,r!},\ {}_nC_0 = {}_nC_n = 1$$

ここで！は**階乗**を表す記号で、$n! = n \cdot (n-1) \cdot (n-2) \cdot \cdots \cdot 3 \cdot 2 \cdot 1$

二項分布は離散型の分布で、そのグラフはpが$\frac{1}{2}$に近いとき下図のような山型となります。

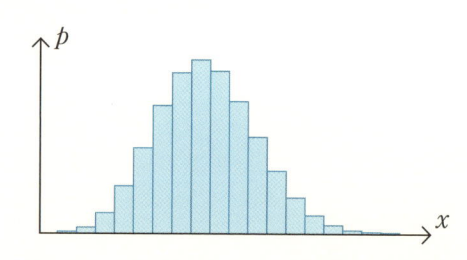

なお、二項分布はnとpによって決まり、$B(n, p)$と表記されます。

二項分布の実例

1個のサイコロを10回振り1の目が出た回数をXとします。1回の試行で1の目が出る確率は$\frac{1}{6}$であることより、10回の試行でx回1の目が出る確率は${}_{10}C_x\left(\frac{1}{6}\right)^x\left(\frac{5}{6}\right)^{10-x}$となり、回数$X$の分布は二項分布$B(10, \frac{1}{6})$となります。

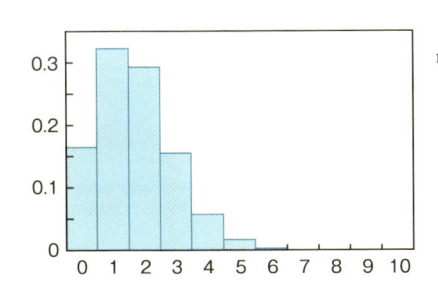

${}_{10}C_x\left(\frac{1}{6}\right)^x\left(\frac{5}{6}\right)^{10-x}$のグラフ

平均値μ、分散σ^2は次のようになります。

$$\mu = 10 \times \frac{1}{6} = \frac{5}{3}、\quad \sigma^2 = 10 \times \frac{1}{6} \times \frac{5}{6} = \frac{25}{18}$$

MEMO　pによるグラフの変化

右の図は、$B(10, p)$において、pが0.1、0.2、0.3、0.4、0.5、0.6、0.7、0.8、0.9とした場合の分布の様子を折れ線グラフで描いたものです。二項分布の特徴が見えます。

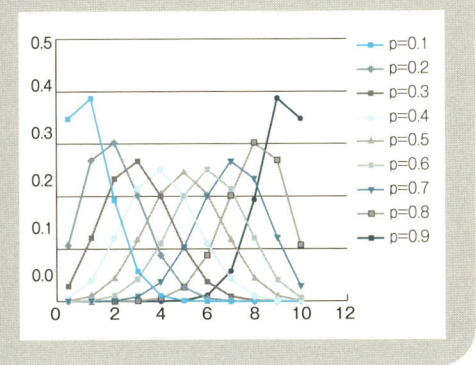

3-3 二項分布 〜反復試行で起きる現象の確率分布

3-4 正規分布
～統計学の王道の分布

統計学で最も多用される分布が正規分布です。自然現象や社会現象の多くの確率現象を説明するために利用されます。

正規分布の公式

正規分布(normal distribution)の公式をまとめてみましょう。

> 次の確率密度関数に従う確率分布を**正規分布**という。
> $$f(x) = \frac{1}{\sqrt{2\pi}\,\sigma} e^{-\frac{(x-\mu)^2}{2\sigma^2}}$$
> この分布に従う確率変数Xの平均値はμ、分散はσ^2になる。

(注)eは自然対数の底で**ネイピア数**と呼ばれます($e = 2.71828\cdots$)。πは円周率($\pi = 3.14159\cdots$)。

正規分布は平均値μと分散σ^2によって決まり、$N(\mu, \sigma^2)$と表記されます。

確率密度関数$f(x)$のグラフは、次のような釣鐘型になります。形は分散σ^2の値だけで決まります。平均値μは頂点の横軸の位置を定めるだけです。

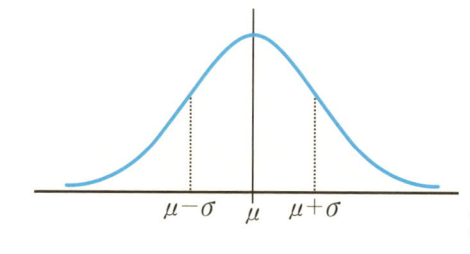

$x = \mu \pm \sigma$で、グラフは変曲点になる。

平均値が0で、分散σ^2が0.5、1、2の正規分布のグラフを示しましょう。

$N(0, 0.5^2)$　　　$N(0, 1^2)$　　　$N(0, 2^2)$

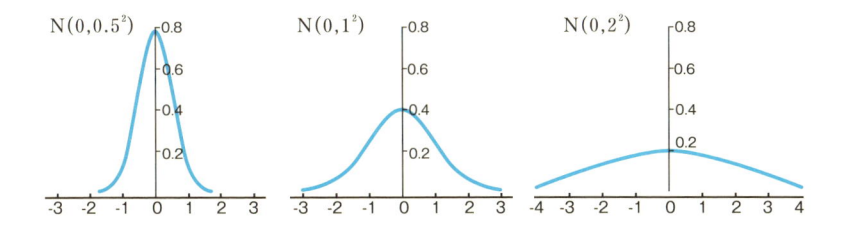

正規分布の実例

　正規分布は、統計学の様々な分野で活用されます。その大きな理由は、統計的な「誤差」がこの分布に従うからです。正規分布を表す確率密度関数が「誤差関数」と呼ばれるのはこのためです。

　例えば、飲料工場でペットボトルに1リットルのお茶を入れようとしても、ピッタリ1リットルになる製品は希です。制御できない原因のために、誤差が生じるのです。その誤差の分布が正規分布で近似されるのです。

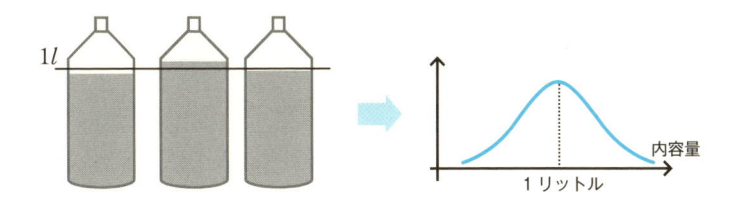

誤差の分布が正規分布になる。

正規分布の5%点、1%点

　推定や検定で利用される正規分布 $N(\mu, \sigma^2)$ のパーセント点（2章§2）を調べます。まず、両側5%点と1%点の意味と値を下図に示しましょう。

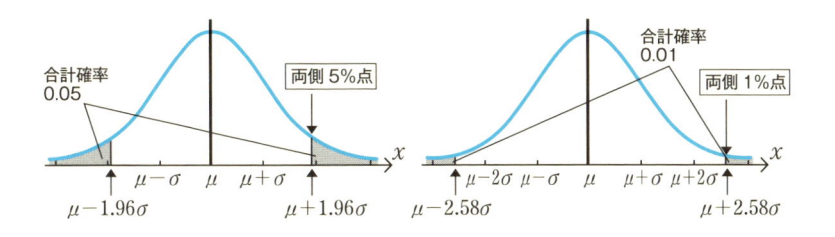

合計確率 0.05　　両側5%点　　　　　合計確率 0.01　　両側1%点

$\mu - 1.96\sigma$　　$\mu - \sigma$　μ　$\mu + \sigma$　$\mu + 1.96\sigma$　　　$\mu - 2.58\sigma$　$\mu - 2\sigma$　$\mu - \sigma$　μ　$\mu + \sigma$　$\mu + 2\sigma$　$\mu + 2.58\sigma$

3-4　正規分布 ～統計学の王道の分布

両側5%点に関するこの図の関係を式で表すと、次のように表現されます。

$$P(\mu-1.96\sigma \leq X \leq \mu+1.96\sigma) = 0.95$$

次に、上側5%点と1%点の意味とその値を下図に示しましょう。

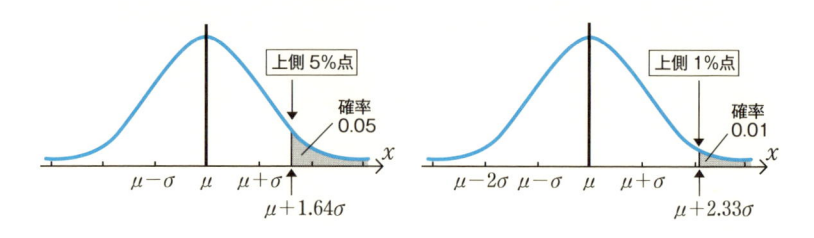

上側5%点に関するこの図の関係を式で表すと、次のように表現されます。

$$P(X \leq \mu+1.64\sigma) = 0.95$$

● Excelによる正規分布の$100p$%点の求め方

Excelでパーセント点を求めるには、NORMINV関数を利用します。

NORMINV(確率p, 平均μ, 標準偏差σ)

この関数は次の図の網のかかった部分の面積（つまり確率p）に対するxの値を表します。

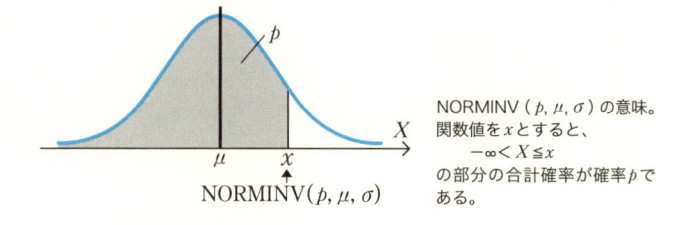

NORMINV(p, μ, σ)の意味。
関数値をxとすると、
$-\infty < X \leq x$
の部分の合計確率が確率pである。

したがって、この関数からパーセント点を求めるには、次のように関数を設定します。

両側pパーセント点：NORMINV$(1-\dfrac{p}{2}$, 平均μ, 標準偏差$\sigma)$

上側pパーセント点：NORMINV$(1-p$, 平均μ, 標準偏差$\sigma)$

3-5 標準正規分布
～平均値0、分散1の正規分布

統計学で最も多用される分布が正規分布です。その中でも平均値が0で分散が1である正規分布 $N(0, 1^2)$ は**標準正規分布**と呼ばれ、特によく利用されます。

● 標準正規分布

標準正規分布 (standard normal distribution) の公式をまとめてみましょう。

> 次の確率密度関数に従う確率分布を標準正規分布という。
>
> $$f(x) = \frac{1}{\sqrt{2\pi}}\, e^{-\frac{x^2}{2}}$$
>
> この分布に従う確率変数の平均値は0、分散は1^2になる。

（注）e は自然対数の底で**ネイピア数**と呼ばれます（$e = 2.71828\cdots$）。π は円周率（$\pi = 3.14159\cdots$）。

この確率分布のグラフは、次のような釣鐘型になります。

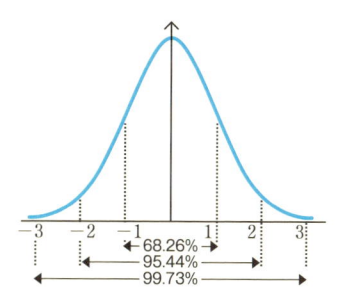

● 正規分布における標準化

確率変数 X が正規分布 $N(\mu, \sigma^2)$ に従うとき、これを標準化してみましょう（2章§4）。

$$Z = \frac{X-\mu}{\sigma}$$

この標準化された分布は標準正規分布 $N(0, 1^2)$ になります。

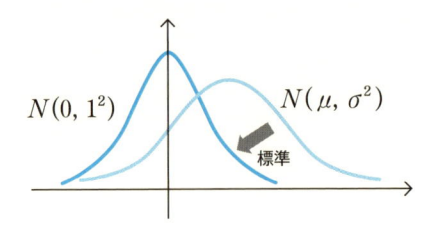

正規分布表

標準正規分布については、正規分布表と呼ばれる数表が用意されています。下図の網の掛けられた部分の面積、すなわち確率 $P(0 \leq X \leq x)$ を与える表です。

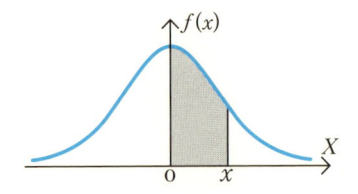

例えば、$x = 1.96$ に対する上図の網掛け部分、すなわち確率 $P(0 \leq X \leq 1.96)$ を標準正規分布表から求めてみましょう。まず x の項目を縦に見て 1.9 の行を探します。次に、x の項目を横に見て 0.06 の列を探します。これらの行と列の交差部にある値 0.4750 が上の図の網かけ部の面積、すなわち確率 $P(0 \leq X \leq 1.96)$ を表します。

x		0.06	
		↓	
1.9	→	0.4750	

正規分布表の見方。

なお、正規分布表は付録Fに示してあります。

標準正規分布表のパーセント点

推定や検定では標準正規分布における両側5%点と1%点、それに上側5%点と1%点がよく使われます。以下にこれらの点を図示します。

(1) 両側5%点

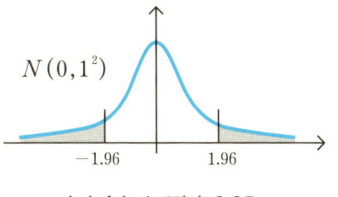

$N(0, 1^2)$

-1.96　1.96

左右合わせて確率 0.05

(2) 両側1%点

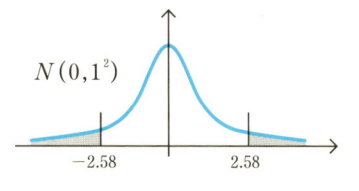

$N(0, 1^2)$

-2.58　2.58

左右合わせて確率 0.01

(3) 上側5%点

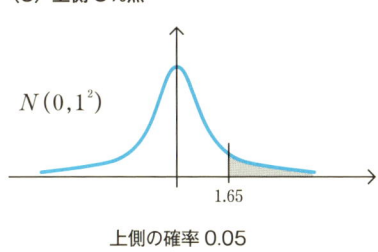

$N(0, 1^2)$

1.65

上側の確率 0.05

(4) 上側1%点

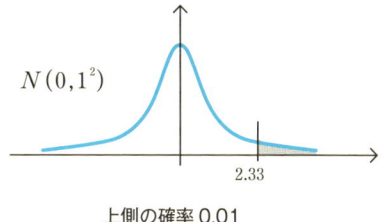

$N(0, 1^2)$

2.33

上側の確率 0.01

> **MEMO　標準正規分布とExcel**
>
> 標準正規分布のためにExcelは次の関数を用意しています。
>
> 　NORMSDIST(z)
>
> 　NORMSINV(p)
>
> 前者のNORMSDIST(z)は累積分布関数（すなわち$-\infty < x \leq z$の確率を返す関数）を表します。後者のNORMSINV(p)はその逆関数で、$-\infty < x \leq z$の範囲の確率がpとなるzの値を返します。

3-5 標準正規分布 〜 平均値0、分散1の正規分布

3-6 t 分布
～標本が小さいときに大事な分布

母平均を推定したいときには、母集団の分散が分かっていないのが普通です。このときに使われるのが t 分布です。小さな標本を使っての母平均の推定には欠かせない分布です。

● t 分布とは

t 分布 (t distribution) の公式をまとめてみましょう。

> 次の確率密度関数に従う確率分布を**自由度 n の t 分布**（または、**ステューデント分布**）という。
> $$f(x) = k\left(1 + \frac{x^2}{n}\right)^{-\frac{n+1}{2}} \quad (k は定数)$$
> この分布に従う確率変数 X の平均値 μ、分散 σ^2 は次の式で与えられる。
> $$\mu = 0, \quad \sigma^2 = \frac{n}{n-2}$$

t 分布の形は自由度 n の値だけで決まります。そのグラフは、次のような正規分布に似た釣鐘型になります。自由度 n の値を大きくすると t 分布は標準正規分布に近づきます。

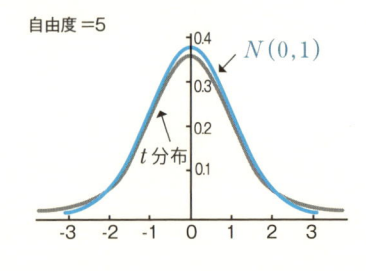

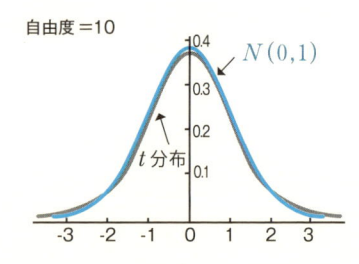

自由度 =5　　　　　　　　　自由度 =10

（注1）定数kの値は、$k = \dfrac{1}{\sqrt{n\pi}} \dfrac{\Gamma\left(\dfrac{n+1}{2}\right)}{\Gamma\left(\dfrac{n}{2}\right)}$。ただし、$\Gamma(x)$はガンマ関数。

（注2）下図のように自由度が30をこえると、t分布は正規分布とほぼ同じになります。

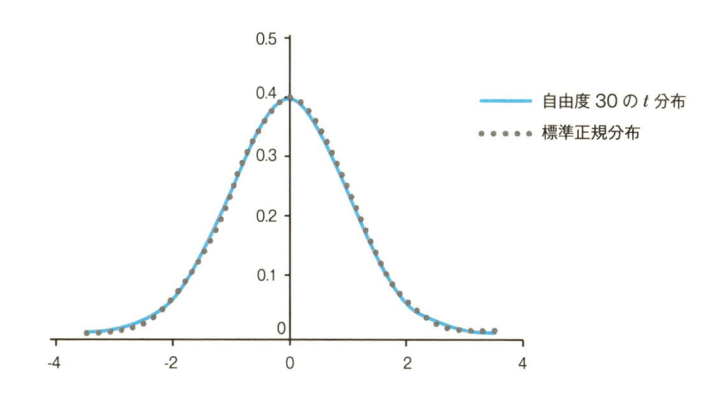

● t分布の例

　内容量250mlと表示されたペットボトルに詰められた飲料水の容量は平均値250mlの正規分布に従います。その飲料水工場から出荷されたペットボトルをランダムに10本抽出し、内容量の標本平均$\overline{X}$、不偏分散s^2を得たとします。つまり、10本の内容量の値を$X_1, X_2, \cdots, X_{10}$とすると、

$$\overline{X} = \frac{X_1 + X_2 + \cdots + X_{10}}{10}$$

$$s^2 = \frac{(X_1 - \overline{X})^2 + (X_2 - \overline{X})^2 + \cdots + (X_{10} - \overline{X})^2}{10 - 1}$$

このとき、標本平均$\overline{X}$に関する次の統計量Tは自由度$n = 9$（$= 10 - 1$）のt分布に従います。

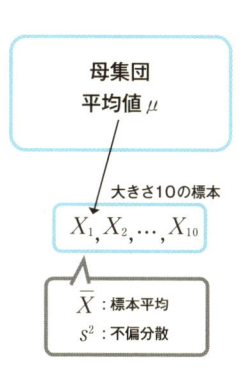

$$T = \frac{\overline{X} - \mu}{\frac{s}{\sqrt{9}}} \quad \cdots (1)$$

この(1)式で、母分散の値は使われていません。したがって、母分散が未知の場合の統計計算に重要な役割を演じます（詳細については4〜6章）。

（注）標本、標本平均、不偏分散、母分散については4章参照。

● t 分布に関する数表

t 分布については、t 分布表が作成されています。この表を利用すると、与えられた自由度 n と確率 p に対して、分布の両側の確率がそれぞれ $\frac{p}{2}$ になる両側 $100p$% 点が求められます。

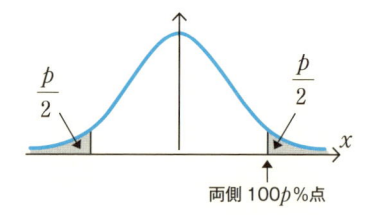

t 分布表は両側 $100p$% 点を表示する。

t 分布表は次の図のように利用します。例えば、自由度 n が5のとき両側5%点は下図のように2.5706と読みとります。

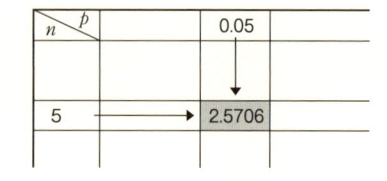

n \ p		0.05	
5		2.5706	

なお、付録Gに t 分布表を掲載してあります。

（注）Excelを利用してパーセント点を求める方法は5章§5の＜MEMO＞を参照してください。

3-7 χ^2分布 〜不偏分散が従う分布

母集団から標本を抽出し、それから不偏分散を求めます。この不偏分散に関する分布がχ^2**分布（カイ2乗分布）**であり、母集団の分散を探る重要な役割を演じます。

● χ^2分布の公式

χ^2分布（χ^2 distribution）の公式をまとめてみましょう。

> 次の確率密度関数に従う確率分布を**自由度n**のχ^2分布という。
> $$f(x) = kx^{\frac{n}{2}-1} e^{-\frac{x}{2}} \quad (kは定数、0 \leq x)$$
> この分布に従う確率変数Xの平均値μ、分散σ^2は次の式で与えられる。
> $$\mu = n、\sigma^2 = 2n$$

(注1) 定数kは $k = \dfrac{1}{D}$ （ここで$D = 2^{\frac{n}{2}} \Gamma\left(\dfrac{n}{2}\right)$。ただし、$\Gamma(x)$ はガンマ関数。）

(注2) eは自然対数の底で**ネイピア数**（$e = 2.71828\cdots$）と呼ばれます。

χ^2分布の形は自由度nによって決まります（下図）。

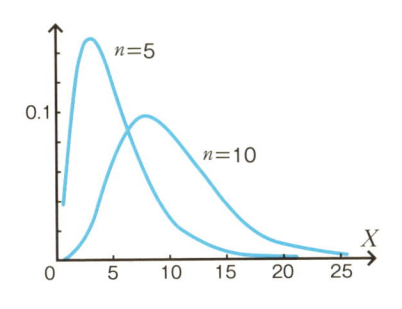

◉ χ^2分布の例

内容量250mlと表示されたペットボトルに詰められた飲料水の内容量は分散$\sigma^2 = 2^2$の正規分布に従うといいます。その飲料水工場から出荷されたペットボトルをランダムに10本抽出し、内容量の標本平均$\overline{X}$、不偏分散s^2を得たとします。つまり、10本の内容量の値を$X_1, X_2, \cdots, X_{10}$とするとき、

$$\overline{X} = \frac{X_1 + X_2 + \cdots + X_{10}}{10}$$

$$s^2 = \frac{(X_1 - \overline{X})^2 + (X_2 - \overline{X})^2 + \cdots + (X_{10} - \overline{X})^2}{10 - 1}$$

このとき

$$\chi^2 = \frac{(10-1)s^2}{\sigma^2} = \frac{(X_1 - \overline{X})^2 + (X_2 - \overline{X})^2 + \cdots + (X_{10} - \overline{X})^2}{2^2} \quad \cdots (1)$$

は自由度$n = 9$（$= 10 - 1$）のχ^2分布に従います。

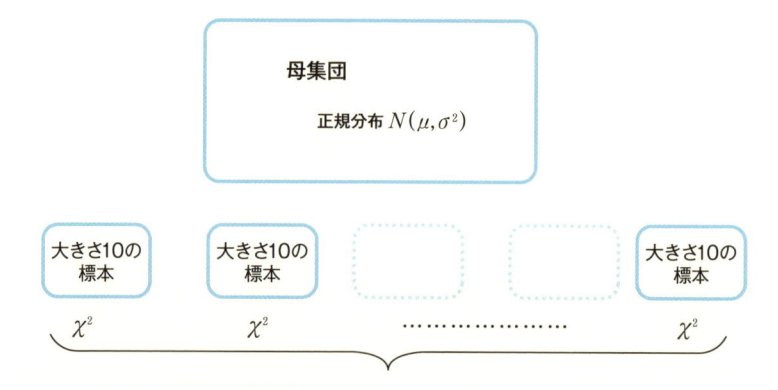

母集団

正規分布 $N(\mu, \sigma^2)$

| 大きさ10の標本 | 大きさ10の標本 | | | 大きさ10の標本 |

χ^2 　　χ^2 　　$\cdots\cdots\cdots\cdots$ 　　χ^2

これらの値の分布が自由度$n = 10-1$のχ^2分布

分散から得られた(1)がχ^2分布に従うということが、分散の検定に役立ちます。この詳細については6章を参照してください。

（注）標本平均、不偏分散については4章参照。

χ^2分布表

χ^2分布については、χ^2分布表が作成されています。この表を利用すると、与えられた自由度nと確率pに対して、その上側の確率がpとなる点、すなわち上側$100p$%点が求められます。

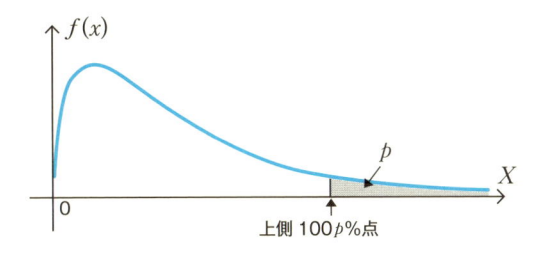

χ^2分布表は次の図のように利用します。例えば、自由度nが5のとき上側5%点は下図のように11.0705と読みとります。

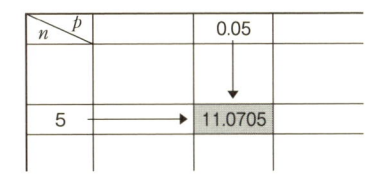

n \ p		0.05	
5		11.0705	

なお、付録Iにχ^2分布表を掲載してあります。

> **MEMO** χ^2分布とExcel
>
> χ^2分布のためにExcelは次の関数を用意しています。
>   CHIDIST(x, 自由度)
>   CHIINV(p, 自由度)
> 前者のCHIDIST(x, 自由度)はxよりも上側の確率を与えます。また、後者のCHIINV(p, 自由度)は上側$100p$%点を与えます。

3-8 F分布 〜分散比が従う分布

前節で調べたように、標本から求めた不偏分散はχ^2分布になります。さて、その分散の比はどうでしょうか？ その分散の比はここで調べるF分布に従います。分散分析（8章）に利用される重要な分布です。

● F分布の公式

F分布（F distribution）の公式をまとめてみましょう。

次の確率密度関数に従う確率分布を自由度m, nのF分布という。

$$f(x) = \frac{kx^{\frac{m}{2}-1}}{\left\{1+\left(\frac{m}{n}\right)x\right\}^{\frac{m+n}{2}}} \quad (kは定数、0 < x)$$

$$f(x) = 0 \quad (x \leq 0)$$

この分布に従う確率変数Xの平均値μ、分散σ^2は次の式で与えられる。

$$\mu = \frac{n}{n-2}, \quad \sigma^2 = \frac{2n^2(m+n-2)}{m(n-2)^2(n-4)} \quad (n > 4)$$

（注）定数kの値は$k = \Gamma\left(\frac{m+n}{2}\right)\left(\frac{m}{n}\right)^{\frac{m}{2}} / \Gamma\left(\frac{m}{2}\right)\Gamma\left(\frac{n}{2}\right)$。ただし、$\Gamma(p)$はガンマ関数。

下図は自由度5, 8のF分布のグラフを示しています。

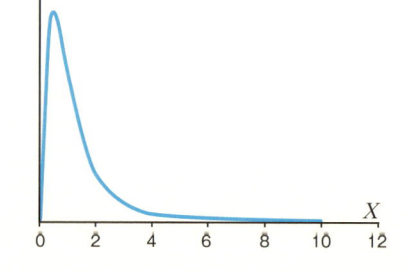

自由度5, 8のF分布のグラフ

● F分布の例

正規分布$N(\mu_1, \sigma_1^2)$に従う母集団から抽出した大きさmの標本をX_1, $X_2, \cdots, X_m$とし、これから算出した不偏分散をs_1^2とします。

$$s_1^2 = \frac{(X_1 - \overline{X})^2 + (X_2 - \overline{X})^2 + \cdots + (X_m - \overline{X})^2}{m-1}$$

同様にして、正規分布$N(\mu_2, \sigma_2^2)$に従う母集団から抽出した大きさnの標本を$Y_1, Y_2, \cdots, Y_n$とし、これから算出した不偏分散をs_2^2とします。つまり、

$$s_2^2 = \frac{(Y_1 - \overline{Y})^2 + (Y_2 - \overline{Y})^2 + \cdots + (Y_n - \overline{Y})^2}{n-1}$$

このとき、次の比Fは**自由度$m-1, n-1$のF分布**に従います。

$$F = \frac{\frac{s_1^2}{\sigma_1^2}}{\frac{s_2^2}{\sigma_2^2}} = \frac{s_1^2 \sigma_2^2}{s_2^2 \sigma_1^2}$$

なお、この詳細については4〜6章を参照してください。

● F分布に関する数表

F分布についてはF分布表が作成されています。この表を利用すると、自由度m, nと確率pに対して、その上側の確率がpとなる点、すなわち次の図に示す上側$100p$%点が求められます。

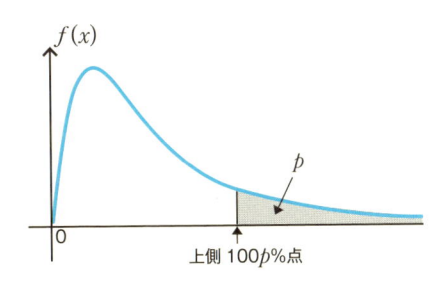

F分布表は次の図のように利用します。例えば、自由度 5, 4 の F 分布における上側 1% 点は、1% に対応して作成された F 分布表から下図のように 15.52 と読みとります。

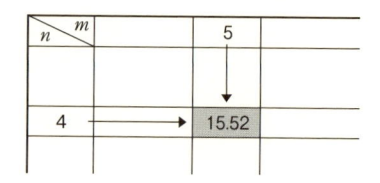

n \ m		5
		↓
4	→	15.52

なお、付録 H に F 分布表を掲載してあります。

> **MEMO　Excel による F 分布のパーセント点の求め方**
>
> Excel の FINV 関数を利用することにより F 分布のパーセント点が簡単に得られます。すなわち、$100p$ パーセント点は次の関数で得られます。
>
> FINV (p, m, n)
>
> ただし、分布を表すグラフが対称でないため、両側パーセント点を求めるには、注意が必要です。
>
> FINV(p,m,n)　上側 $100p$%点
>
> 確率 p
>
> FINV$(1-\frac{p}{2},m,n)$　FINV$(\frac{p}{2},m,n)$　両側 $100p$%点
>
> 確率 $\frac{p}{2}$

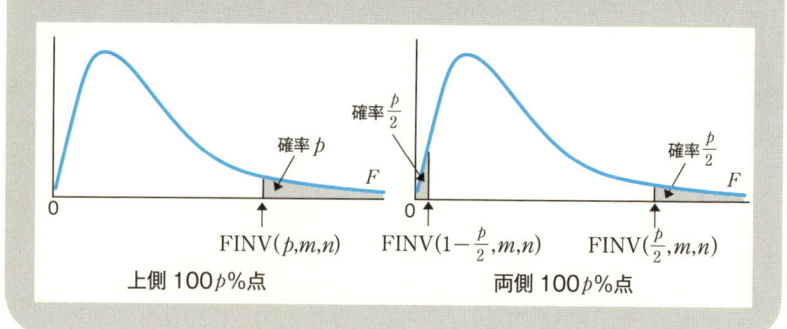

3-9 ポアソン分布
～希に起こる事象の分布

交通事故の発生件数や機械の故障回数など、希な現象が一定の時間内に起こる回数の分布がポアソン分布です。希に起こる自然現象や社会現象を説明するのに利用できます。

● ポアソン分布の公式

ポアソン分布(Poisson distribution)の公式をまとめてみましょう。

> ポアソン分布は次の関数を分布関数とする。
> $$f(x) = \frac{\lambda^x}{x!} e^{-\lambda} \quad (\lambda は正の定数、x = 0,\ 1,\ 2,\ 3, \cdots) \quad \cdots (1)$$
> この分布に従う確率変数Xの平均値μ、分散σ^2は次の式で与えられる。
> $\mu = \lambda、\sigma^2 = \lambda$

(注) e は自然対数の底でネイピア数 ($e = 2.71828\cdots$) と呼ばれる。

この分布はλの値だけで決まり、グラフは次のような離散型になります。

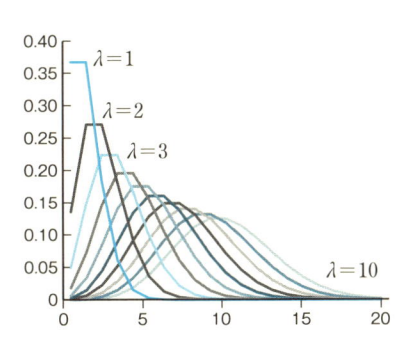

● ポアソン分布の実例

次の表は平成15年度の8月における北海道全体の交通事故の死亡者数の日数の分布です。また、右のグラフは、この表をもとに相対度数分布を描

いたものです。

死亡者数	日数
0	7
1	12
2	6
3	3
4	2
5	0
6	1
7	0
8	0
9	0
10	0

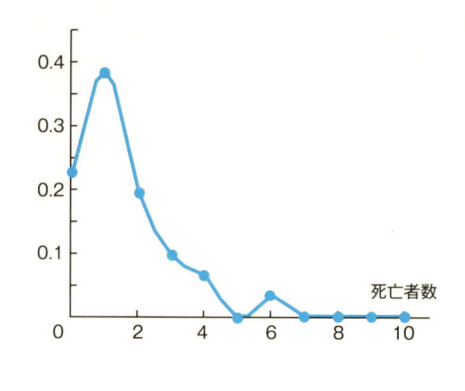

死亡者数の平均値を求めると次のようになります。

$$0 \times \frac{7}{31} + 1 \times \frac{12}{31} + \cdots + 6 \times \frac{1}{31} + \cdots + 10 \times \frac{0}{31} \fallingdotseq 1.52$$

交通事故死は希に起こる現象です。そこで、この分布はポアソン分布に従うと考えられます。先の公式(1)で、平均値λとしていま求めた平均値1.52を代入し、分布関数のグラフを描いてみましょう。二つのグラフは良く一致しています。交通事故の死亡者はポアソン分布と見なせるのです。

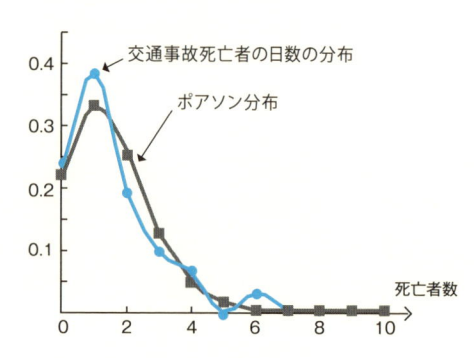

ポアソン分布は二項分布の極限分布

二項分布$B(n,p)$において、pを限りなく小さくし、nを限りなく大きくしたときの極限の分布がポアソン分布になると考えられます。このことを調べるために、次の例を考えます。

いま、白球と黒球がたくさん入っている袋があります。白球は0.1（＝10%）の割合としましょう。この袋から球を取り出し、色を見て再び元に戻すことを50回繰り返すとし、取り出された白球の数をXとします。白球の取りだされることは希と考えられます。

このとき、確率変数Xは二項分布$B(50, 0.1)$に従います（本章§3）。

次に、ポアソン分布の公式(1)に$\lambda = 50 \times 0.1 = 5$を代入した確率変数$X$の分布を考えます。そして、この分布のグラフと、$B(50, 0.1)$の分布のグラフとを重ねて描いてみましょう。ほぼ一致していることが分かります。

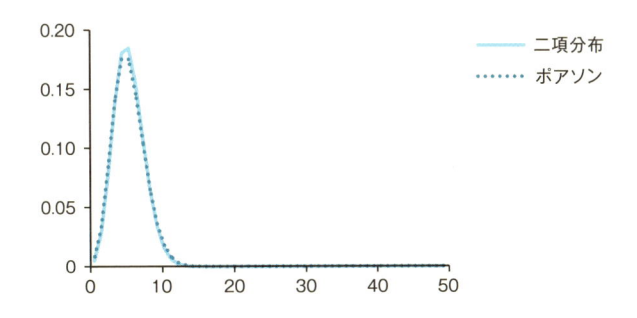

このようにして、ポアソン分布と、pを小さくしnを大きくしたときの二項分布$B(n, p)$がほぼ一致することが確かめられます。

MEMO Excelとポアソン分布

Excelにはポアソン分布$f(x) = \dfrac{\lambda^x}{x!} e^{-\lambda}$のための関数が用意されています。

　　POISSON（x, λ, 関数形式）

関数形式がFALSE（すなわち0）なら、単純に分布の値$f(x)$を、TRUEなら累積分布の値

　　$f(0) + f(1) + f(2) + \cdots + f(x)$

を求めます。

3-10 二項分布の正規分布近似
〜二項分布の計算は正規分布で!

二項分布（本章§3）は統計学で頻繁に現れる分布です。しかし、その分布を表す $_nC_r p^r(1-p)^{n-r}$ の計算は、n が大きくなると厄介です。そこで利用されるのが、二項分布の正規分布近似です。これによって、めんどうな二項分布の計算は、簡単な正規分布の計算に置き換えられます。

● 二項分布の正規分布近似

次の性質を二項分布の正規分布近似(normal approximation of binomial distribution)といいます。

> 二項分布 $B(n, p)$ に従う確率変数 X は、n が大きいとき、近似的に平均値 np、分散 $np(1-p)$ の正規分布 $N(np, np(1-p))$ に従う。

この性質をイメージ的に示してみましょう。

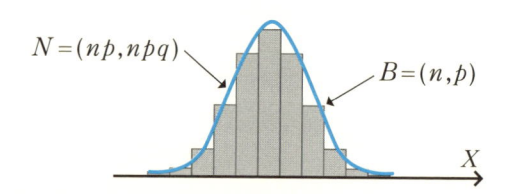

$N=(np, npq)$　　　$B=(n, p)$
X

この近似が使える基準を示します。
(1) $p \leq 0.5$ であれば $np > 5$
(2) $p \geq 0.5$ であれば $n(1-p) > 5$

● 正規分布近似の半整数補正

次の近似技法を正規分布近似の半整数補正(semi-integer correction of normal approximation)といいます。ただし、k_1、k_2 は整数とします。

> 二項分布$B(n, p)$に従う確率変数Xについて、$k_1 \leq X \leq k_2$の範囲の確率を正規分布近似で求めるには、正規分布の、$k_1 - 0.5 \leq X \leq k_2 + 0.5$の範囲の確率を求めればよい。

範囲の左端k_1から0.5（半整数）を引き、右端k_2には0.5（半整数）を加えるのです。この理由は二項分布の長方形部分の面積を確保するためです。このことは次の図から理解できるでしょう。

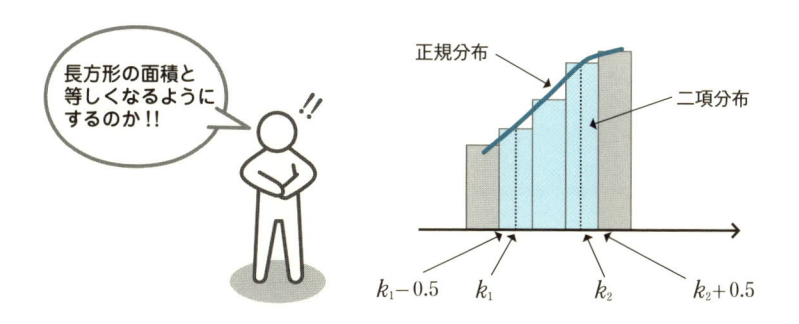

具体的に図を描いて確かめてみましょう。たとえば、二項分布$B(50, \frac{1}{6})$で、確率変数Xが7〜12の範囲にある確率は下図の青で網をかけた長方形の面積の和になります。これは、正規分布$N(50 \times \frac{1}{6}, 50 \times \frac{1}{6} \times \frac{5}{6})$のグラフの区間$7 - 0.5 \leq X \leq 12 + 0.5$で囲まれた部分の面積で、よく近似されています。

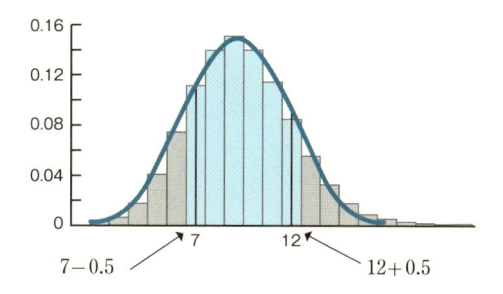

Excelで正規分布の100p%点を求めるには

正規分布は統計学で頻繁に利用されます。その正規分布とExcelとの関係は本章§4で調べましたが、しばしば用いられる計算なので、もう少し詳しく調べることにします。

Excelでパーセント点を求めるには、NORMINV関数を利用します。

NORMINV(確率p, 平均μ, 標準偏差σ)

この関数からパーセント点を求めるには、次の表のように関数のパラメータを指定しなければなりません。

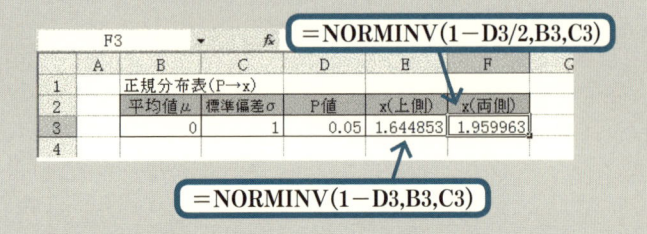

	A	B	C	D	E	F	G
1	正規分布表(P→x)						
2		平均値μ	標準偏差σ	P値	x(上側)	x(両側)	
3		0	1	0.05	1.644853	1.959963	
4							

F3セル: =NORMINV(1−D3/2,B3,C3)
E3セル: =NORMINV(1−D3,B3,C3)

この表計算の関数式と、分布図との関係を次の図に示します。

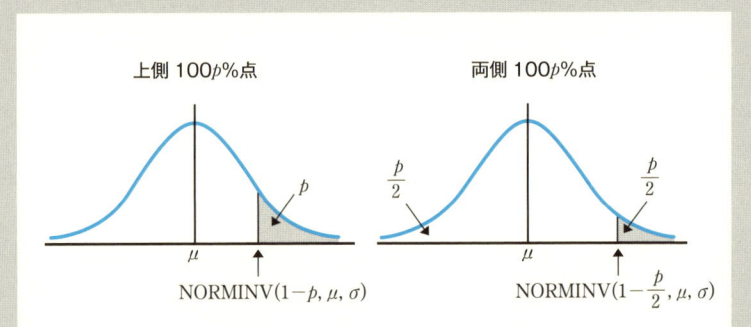

上側100p%点: NORMINV(1−p, μ, σ)

両側100p%点: NORMINV(1−$\frac{p}{2}$, μ, σ)

パーセント点を求めるためのNORMINV関数の引数の設定

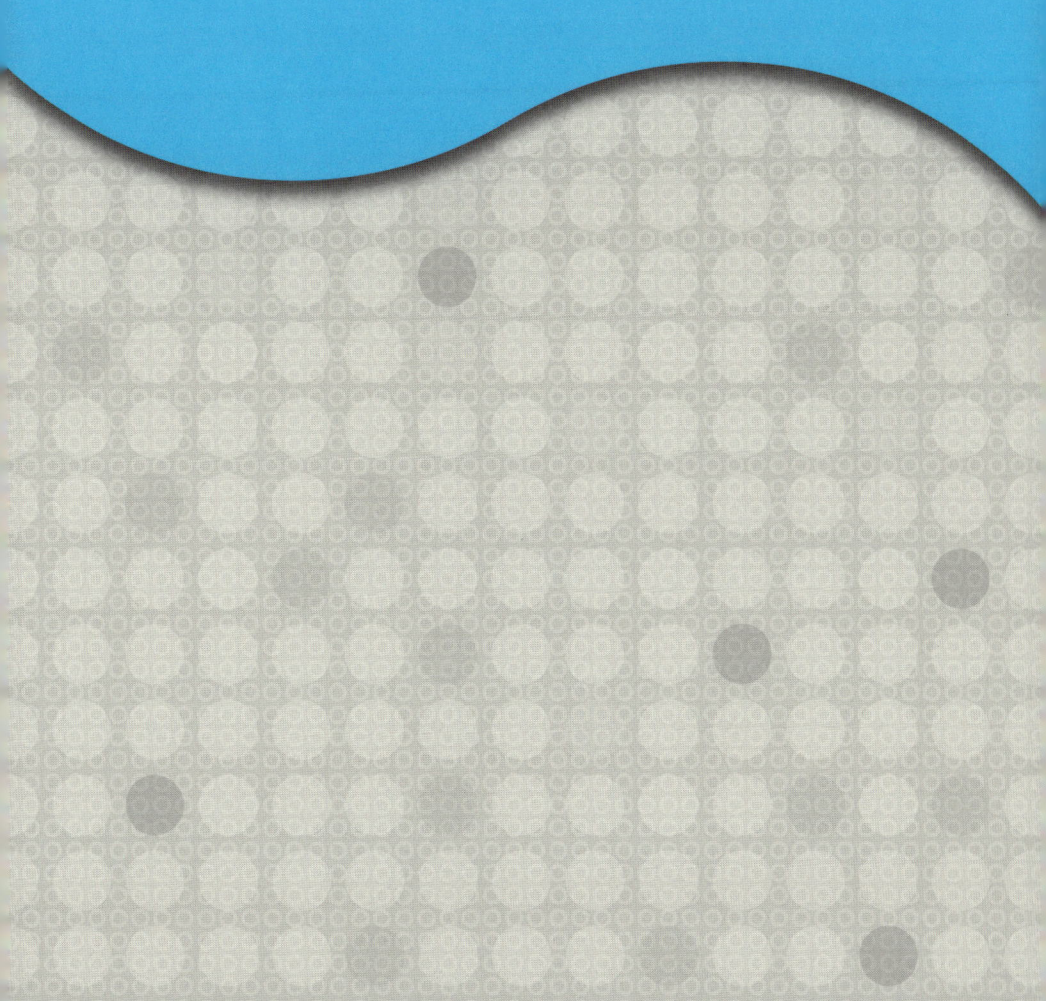

第4章
母集団と標本

4-1 母集団と標本抽出
～標本抽出が統計調査の基本

　例えば日本在住の成人の平均身長を調べる方法を考えてみましょう。それには二つの方法が考えられます。一つは、できるだけ多くのデータを集め（できれば、全員のデータ）、それから平均身長を求める方法です。もう一つは、日本在住の成人全体から取り出した「少数のデータ」をもとに、確率論の考え方を使って推測する方法です。これは推測統計学と呼ばれています。本章はこの推測統計学の準備をします。

● 母集団と標本

　もう一度、日本在住の成人の平均身長を求めることを考えましょう。最初に、日本在住の成人全員の身長の集まりをUとします。この集合Uは、調べようとしている平均身長の元になる集合で、身長の**母集団**といいます。そして、この母集団に含まれる成人一人一人の身長を、その母集団の**要素**といいます。また、母集団に含まれる要素の個数Nを**母集団の大きさ**といいます。

（図：母集団　一人一人の身長が要素　身長）

　さて、この母集団における身長の平均値や分散など、母集団を特徴づける数値を**母数**（または**パラメータ**）といいます。推測統計学では、母集団から一部を取り出し、その取り出した一部から母数を求めるという手法をとります。この一部を**標本**（または**サンプル**）といいます。また、その標本に含まれる要素の数を**標本の大きさ**といいます。

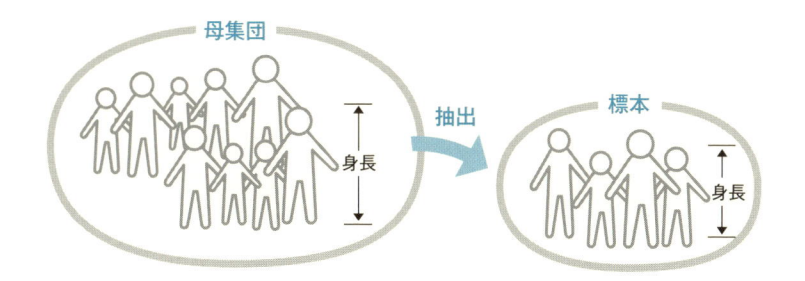

● 標本の抽出

母集団から標本を取り出す際に大事なことがあります。それは、母数の推定が可能なように標本を抽出しなければならないことです。そこで、統計学では次の方法で標本を取り出します。

どの要素が選び出されるかは独立で等確率であるように標本を取り出す

このように取り出すことで、確率の考え方が使えるようになるからです。つまり、母集団と標本とを確率の糸でつなげるのです。このような標本の取り出し方を**無作為抽出**(random sampling)といいます。また、無作為に抽出した標本を**無作為標本**(random sample)といいます。

統計学の世界では、「抽出」というときには無作為抽出を、「標本」というときには無作為標本を指すのが普通です。本書もその慣例に従います。

● 復元抽出と非復元抽出

母集団から標本を抽出するには、二つの方法があります。「復元抽出」と「非復元抽出」です。

「復元抽出」は、母集団から個体を1個取り出してその値を調べ、調べ終わったらもとに戻す、という抽出法です。したがって、この抽出法では、母集団から同じ個体が重複して取り出される可能性があります。

これに対して、「非復元抽出」は母集団から個体を1個取り出してその値を調べ、調べ終わったなら元に戻さない、という抽出法です。したがって、同じ個体が重複して取り出される可能性はありませんが、抽出の独立

性が損なわれます。

　母集団の大きさが大きいとき、同じ個体が重複して取り出される可能性は無視できます。そこで、復元抽出と非復元抽出の違いは無視できるようになります。推測統計学が必要となる大きな母集団においては、これら二者の抽出法の違いを問題にする必要が生じることは希です。

正規母集団

　調査したいデータ全体の集まりが母集団ですが、そのデータの分布が正規分布に従うとき、その母集団を正規母集団といいます。

　たとえば一定の規格にしたがって大量生産された製品の「重さ」は正規分布に従いますが、その製品全体の「重さ」の集まりが正規母集団になります。

（注）正規分布については、3章§4をご覧ください。

無作為抽出と乱数

無作為抽出する有名な方法として、次の3つがあります。

(1) 乱数表の利用
(2) 乱数サイコロの利用
(3) コンピュータが作る乱数を利用

MEMO　　　　　　疑似乱数

　まったく規則性のない数の集まりを乱数列といいます。略して乱数と呼ばれます。コンピュータで乱数列を作るのは厄介です。一定のアルゴリズムを仮定するコンピュータが規則性のない乱数列を作るのは困難だからです。そこで、完全ではないが近似的に乱数列として扱える、という乱数列をコンピュータは生成します。これを疑似乱数といいます。

4-2 母数と推定量
～母数を知るために着目する量が推定量

母集団から標本を抽出し、これをもとに母集団の性質を推定することは統計学の大きな目標です。前節では母集団と標本の関係について調べましたが、本節では標本と確率変数の関係について調べてみましょう。

母集団分布と母数

前節同様、日本在住の成人の平均身長を求めることを考えてみましょう。身長を X とすると、個人の身長を測定するたびに、いろいろな X の値が得られます。すなわち、身長 X は確率変数になります。

確率変数 X には確率分布が考えられます（2章§2）。母集団において、この確率変数 X が従う分布を**母集団分布**といいます。

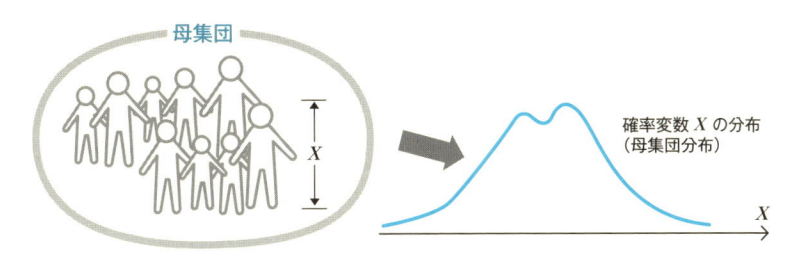

母集団分布の性質は平均値や分散、モード、中央値など、特定の値によって特徴づけられます。このように母集団分布を特徴づける値が**母数**（**パラメータ**）なのです。

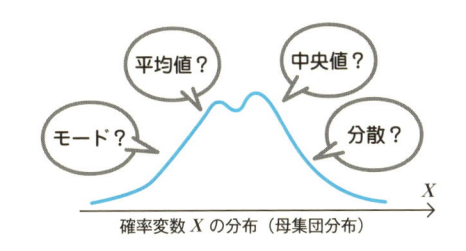

推測統計学は大きな母集団の母数を知ることが目的となります。

統計量と標本分布

いま、日本在住の成人全体の身長データから大きさnの標本を抽出することを考えてみましょう。それらを$X_1, X_2, \cdots, X_n$と書き並べることにします。このとき、各$X_1, X_2, \cdots, X_n$は確率変数です。標本の取り方によって値を変えるからです。

(注) この意味で、各$X_1, X_2, \cdots, X_n$を標本確率変数または確率標本変数と呼ぶ文献もあります。

ここで、たとえば次の確率変数を調べてみましょう。

$$\overline{X} = \frac{X_1 + X_2 + \cdots + X_n}{n}$$

これも標本ごとに値を変える確率変数です。この場合、大きさnの標本の平均値を与えます(そこで、**標本平均**といいます)。この標本平均のように、標本ごとに値が決まる確率変数を**統計量**といいます。

統計量は確率変数です。そこで、その確率分布が考えられます。この分布をその確率変数の**標本分布**といいます。たとえば、標本平均$\overline{X}$は確率変数ですが、下図のようにその確率分布、すなわち標本分布が考えられます。

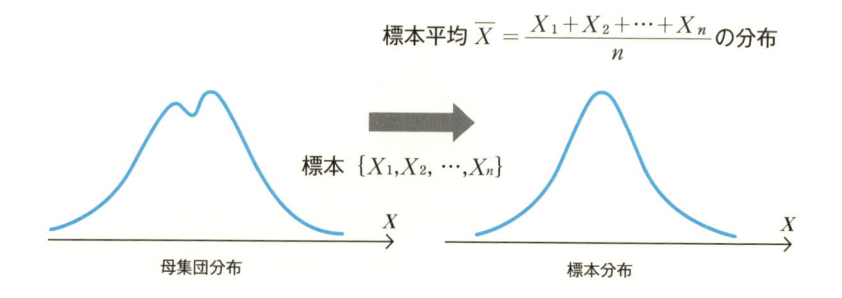

標本平均 $\overline{X} = \dfrac{X_1 + X_2 + \cdots + X_n}{n}$ の分布

標本 $\{X_1, X_2, \cdots, X_n\}$

母集団分布 → 標本分布

標本$X_1, X_2, \cdots, X_n$を算出して得られる「統計量」の例としては標本平均$\overline{X}$以外にも、標本分散、不偏分散、メディアン(中央値)、モード(最頻値)などが考えられます。これらの各々についても、標本分布が考えられます。

推定量と推定値

標本から得られる標本分散、不偏分散などの統計量は確率変数であり、母数の推定に使われます。たとえば、標本平均は母平均を推定する際に使われる統計量です。そのため、これらの統計量は母数の**推定量**と呼ばれます。そして、実際に抽出された標本から算出された母数の推定量の値を、その母数の**推定値**といいます。

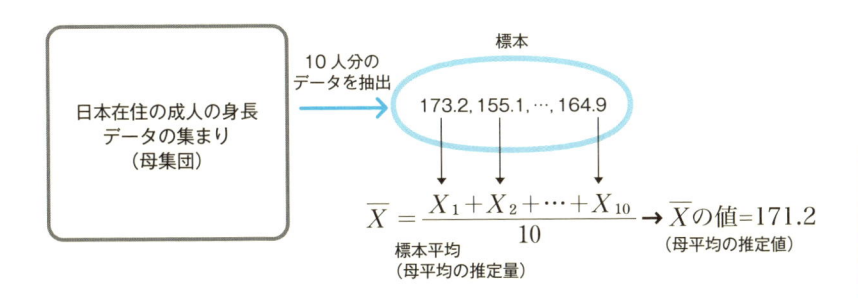

日本在住の成人の身長データの集まり（母集団） →（10人分のデータを抽出）→ 標本 173.2, 155.1, …, 164.9

$$\overline{X} = \frac{X_1 + X_2 + \cdots + X_{10}}{10} \to \overline{X} \text{の値} = 171.2$$

標本平均（母平均の推定量） → （母平均の推定値）

（例） 不偏分散は母分散の推定量

不偏分散とは標本 $X_1, X_2, \cdots, X_n$ に対して次のように定義される確率変数です。この分散は母分散の推定量となります。

$$s^2 = \frac{(X_1 - \overline{X})^2 + (X_2 - \overline{X})^2 + \cdots + (X_n - \overline{X})^2}{n-1}$$

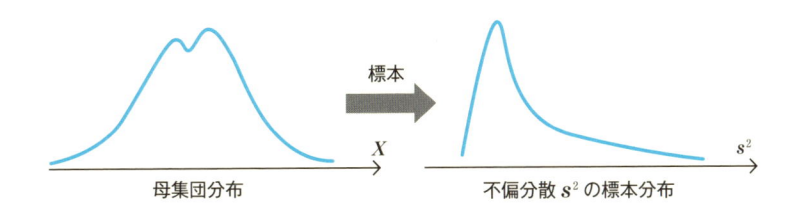

母集団分布 → 標本 → 不偏分散 s^2 の標本分布

4-2 母数と推定量 〜母数を知るために着目する量が推定量

4-3 優れた推定量の性質
～不偏性、一致性、有効性

母集団から標本を抽出し、それをもとに推定量から推定値を算出して母数を推定するのが推測統計学です。したがって、標本から得られる推定量について、それらがどんな性質を持っているのかを知ることが重要です。

● 不偏性と不偏推定量

大きさ n の標本 $X_1, X_2, \cdots, X_n$ から得られる母数 θ についての推定量を T_n とします。この T_n は確率変数です。その値は標本 $X_1, X_2, \cdots, X_n$ を選ぶたびに変動するからです（標本変動といいます）。そこで、T_n の平均値（期待値）を考えることにしましょう。そこでもし T_n の平均値が母数 θ に等しくなるなら、T_n は**不偏性**をもつといい、T_n を母数 θ の**不偏推定量**といいます。平均値の記号を用いると、T_n が母数 θ の不偏推定量であることは次のように表せます。

$$E(T_n) = \theta$$

この性質は母数 θ を中心に、推定量 T_n がつり合い良くばらついていることを意味します。

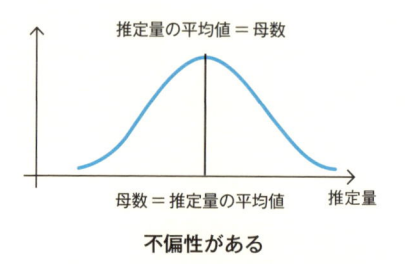

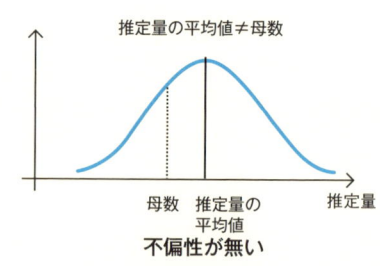

不偏性がある　　　　　　　　不偏性が無い

（例1） 標本平均は母平均の不偏推定量

大きさ n の標本 $X_1, X_2, \cdots, X_n$ から得られる標本平均

$$\overline{X} = \frac{X_1 + X_2 + \cdots + X_n}{n}$$

は次の式を満たします。

$$E(\overline{X}) = \mu \quad (ここで、\mu は母平均)$$

よって、標本平均 $\overline{X}$ は母平均 μ の不偏推定量となります。

(例2) 不偏分散は母分散の不偏推定量

大きさ n の標本 $X_1, X_2, \cdots, X_n$ から得られる次の統計量を不偏分散といいます。

$$s^2 = \frac{(X_1 - \overline{X})^2 + (X_2 - \overline{X})^2 + \cdots + (X_n - \overline{X})^2}{n-1}$$

この統計量は次の式を満たします。

$$E(s^2) = \sigma^2 \quad (ここで、\sigma^2 は母分散)$$

よって、不偏分散 s^2 は母分散 σ^2 の不偏推定量となります。ちなみに、次の分散 S^2（これを標本分散といいます）は不偏性を持ちません。

$$S^2 = \frac{(X_1 - \overline{X})^2 + (X_2 - \overline{X})^2 + \cdots + (X_n - \overline{X})^2}{n}$$

すなわち、

$$E(S^2) \neq \sigma^2 \quad (ここで、\sigma^2 は母分散)$$

● 一致性と一致推定量

大きさ n の標本 $X_1, X_2, \cdots, X_n$ から得られる母数 θ についての推定量を T_n とします。この推定量 T_n の値が、標本の大きさ n を増やしていくと、母数 θ に近づくとしましょう。このとき、推定量 T_n は一致性を持つと言います。式で書けば次のようになります。

$$\lim_{n \to \infty} T_n = \theta$$

なお、一致性をもつ推定量を<u>一致推定量</u>といいます。

（注）$\lim_{n \to \infty} T_n = \theta$ とは、n を限りなく大きくしたとき、大きさ n の標本から得られる推定量 T_n の具体的な値（推定値）が、限りなく母数 θ に近づくことを表します。

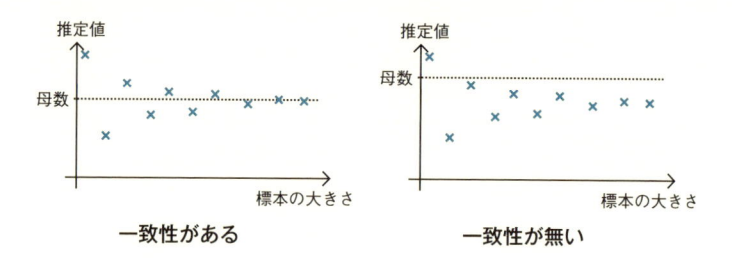

一致性がある　　　　一致性が無い

（例3） 標本平均 $\overline{X}$ は一致性を持つ

母平均を μ とすると、大きさ n の標本 $X_1, X_2, \cdots, X_n$ から得られる標本平均の値は次の式を満たします。

$$\lim_{n \to \infty} \overline{X} = \lim_{n \to \infty} \frac{X_1 + X_2 + \cdots + X_n}{n} = \mu$$

よって、標本平均 $\overline{X}$ は一致性を持ちます。

この（例3）の標本平均のように、推定量が標本の単純な和の式で表されているとき、その推定量は一致性を持ちます。標本の大きさ n をドンドン増やしていけば、標本は母集団に限りなく近づいていくからです。

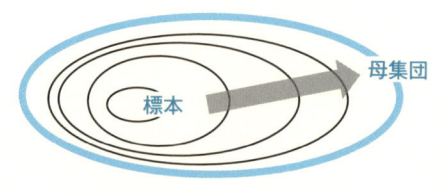

標本の大きさ n を増やしていけば、標本は母集団に近づいていくので、単純な和の式で表される推定量の多くは一致性を持つ。

● 有効性と有効推定量

推定量 T_n は、大きさ n の標本を抽出するたびにその値が変化します（<u>標本変動</u>）。しかし、母数 θ の推定量 T_n としては、できる限りバラツキが小さい方が安定していて望ましいことになります。そこで、母数 θ の不偏推

定量の中で分散が最小となる推定量 T_n を **有効性を持つ** と呼び、この性質を満たす推定量 T_n を **有効推定量** といいます。優れた推定量であるための目安の一つになります。

この「有効性を持つ」という性質を式で書いてみましょう。

$$V(T_n) = E((T_n - \theta)^2) = 最小$$

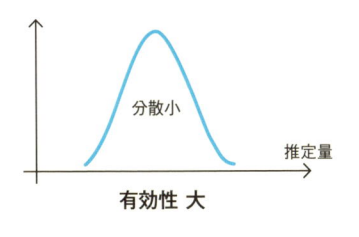

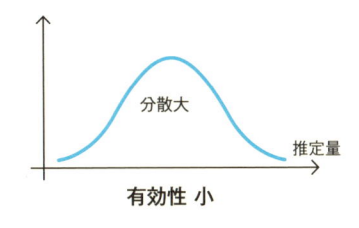

（分散小：有効性 大／分散大：有効性 小）

（例4）標本平均 $\overline{X}$ は有効推定量

標本平均 $\overline{X}$ は母平均 μ の有効推定量であり、最小分散性を持ちます。

$$V(\overline{X}) = E((\overline{X} - \mu)^2) = \frac{\sigma^2}{n} \quad (最小)$$

（例5）メジアンは有効推定量ではない

一般的には、メジアン（中央値）は有効推定量にはなりません。その分散は最小にならないのです。

4-4 推定量の自由度
～不偏分散の分母が標本の大きさでない理由

統計学でよく用いられる自由度の考え方について調べてみましょう。

自由度

母集団から抽出した大きさ n の標本を $X_1, X_2, \cdots, X_n$ とすると、各確率変数 $X_1, X_2, \cdots, X_n$ はお互いに制約は無く、母集団において自由な値をとることができます。したがって、$X_1, X_2, \cdots, X_n$ の自由度は n だと考えられます。それでは次に、

$$Y_i = X_i - \overline{X} \quad (i = 1, 2, \cdots, n) \quad \cdots (1)$$

とした n 個の確率変数 $Y_1, Y_2, \cdots, Y_n$ を考えてみましょう。ここで、$\overline{X}$ は標本平均で、その定義式から次の式が得られます。

$$(X_1 - \overline{X}) + (X_2 - \overline{X}) + \cdots + (X_n - \overline{X}) = 0 \quad \cdots (2)$$

(1)を代入して

$$Y_1 + Y_2 + \cdots + Y_n = 0 \quad \cdots (3)$$

すなわち、n 個の確率変数 $Y_1, Y_2, \cdots, Y_n$ について、その間に1つの制約（3）が生じているのです。一つの縛りがあって、お互いに自由に値をとることができないわけです。そこで、各変数の自由度は1つ減り、$n-1$ となります。

(例1) 平均値5の3つのデータ

3個のデータがあり、その平均値は5であるとします。3つのうち1番目と2番目のデータが3と4だとしましょう。すると、3番目のデータは8と決まってしまいます。平均値が5だからです。このように、3つのデータの平均値が与えられているとき、その3個のデータの自由度は $3-1=2$ になります。

分散の自由度

標本 $X_1, X_2, \cdots, X_n$ の不偏分散 s^2 は次のように与えられます。

$$s^2 = \frac{(X_1 - \overline{X})^2 + (X_2 - \overline{X})^2 + \cdots + (X_n - \overline{X})^2}{n-1} \quad \cdots (4)$$

この分母の $n-1$ の秘密を調べてみましょう。

$\overline{X}$ は標本平均なので、分子の各項は(2)を満たします。本来、大きさ n の標本は n 個の自由度を持ちますが、この条件(2)が付いた分、$X_1 - \overline{X}$, $X_2 - \overline{X}$, $\cdots$, $X_n - \overline{X}$ の動ける範囲は小さくなってしまいます。その結果、(4)の分子の値も小さくなります。その小さくなった分子を n で割ると、分散は本来の値よりも小さく求められることになります。したがって、自由度を補正して $n-1$ で割るのです。こうすることで、分散 s^2 の不偏性が確保できるのです。

僕たち自由に動けるぞ！！（自由度 n）

ところが

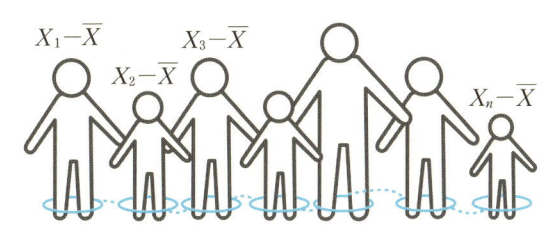

関係 $(X_1 - \overline{X}) + (X_2 - \overline{X}) + \cdots + (X_n - \overline{X}) = 0$ で結ばれている

僕たち勝手に動けないぞ！！（自由度 $n-1$）

4-5 中心極限定理
～標本平均と正規分布の深い関係

母集団分布がどうであっても、母集団から抽出して得られる標本平均の分布には共通の性質があります。それは、母集団から得た標本平均の分布は、標本の大きさがある程度大きければ、正規分布で近似できるという性質です。このことについて調べてみることにしましょう。

● 標本平均の分布と正規分布

例えば、ここに、1、2、3と書かれた3枚のカードがあり、この3枚のカードを母集団と考えることにします。

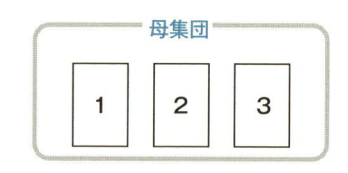

この母集団からカードを一枚抽出し、そのカードに書かれている数値を X とします。このとき1、2、3のいずれのカードが取り出されることも同等だとします。すると、X は確率変数であり、この確率変数 X の分布（つまり母集団分布）は平均値 μ が 2、分散 σ^2 が $\dfrac{2}{3}$ の一様分布になります。下図はそのグラフです。

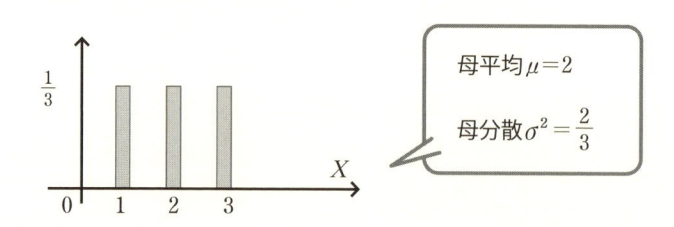

母平均 $\mu = 2$
母分散 $\sigma^2 = \dfrac{2}{3}$

いま、この母集団から復元抽出で2枚のカードを抽出し、取り出した2

つの数値を順にX_1、X_2とします。この標本の標本平均$\overline{X}$は$\dfrac{X_1+X_2}{2}$とかけます。ここで、2枚のカードの取り出し方は1枚目、2枚目ともに3通りなので、全部で3×3＝9通りあります。下表はこの9通りについて標本平均を計算したものです。

(X_1, X_1)	$\overline{X}$は$\dfrac{X_1+X_2}{2}$の値	(X_1, X_1)	$\overline{X}$は$\dfrac{X_1+X_2}{2}$の値
(1,1)	1	(2,3)	2.5
(1,2)	1.5	(3,1)	2
(1,3)	2	(3,2)	2.5
(2,1)	1.5	(3,3)	3
(2,2)	2		

この表から、標本平均$\overline{X}$の確率分布表は次のようになります。

$\overline{X}$の値	1	1.5	2	2.5	3	合計
$\overline{X}$の確率	$\dfrac{1}{9}$	$\dfrac{2}{9}$	$\dfrac{3}{9}$	$\dfrac{2}{9}$	$\dfrac{1}{9}$	1

この確率分布表をもとに標本平均$\overline{X}$の分布をグラフにしてみましょう。平均値が$2\ (=\mu)$、分散が$\dfrac{1}{3}\ (=\dfrac{\sigma^2}{2})$の数の分布になります。

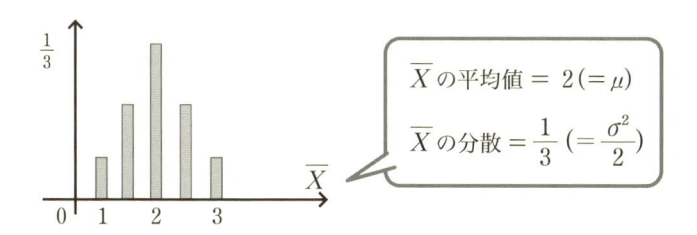

$\overline{X}$の平均値 $= 2(=\mu)$
$\overline{X}$の分散 $= \dfrac{1}{3}\ (=\dfrac{\sigma^2}{2})$

4-5 中心極限定理 〜標本平均と正規分布の深い関係

母集団分布は一様分布でも、大きさ2の標本の標本平均 $\overline{X} = \dfrac{X_1 + X_2}{2}$ は左右対称な山型の分布、すなわち正規分布に近い形となることがわかります。これを一般化したのが中心極限定理です。

中心極限定理

いまは簡単な3枚のカードの実験で、中心極限定理がどんなものかを調べました。次に、一般的な中心極限定理 (central limiting theorem) を調べてみることにしましょう。

> 平均 μ、分散 σ^2 の母集団から大きさ n の標本を抽出し、その標本平均を $\overline{X}$ とするとき、
> (1) $\overline{X}$ の平均値は μ、分散は $\dfrac{\sigma^2}{n}$、標準偏差は $\dfrac{\sigma}{\sqrt{n}}$ になる。
> (2) (ア) 母集団の分布が正規分布であれば、$\overline{X}$ の分布も正規分布になる。
> 　　(イ) 母集団分布が正規分布でないときでも、n の値が大きければ、$\overline{X}$ の分布は正規分布で近似できる。

この定理は統計学のいろいろなところで使われる非常に重要な定理です。なお、(2)を図示すると次のようになります。

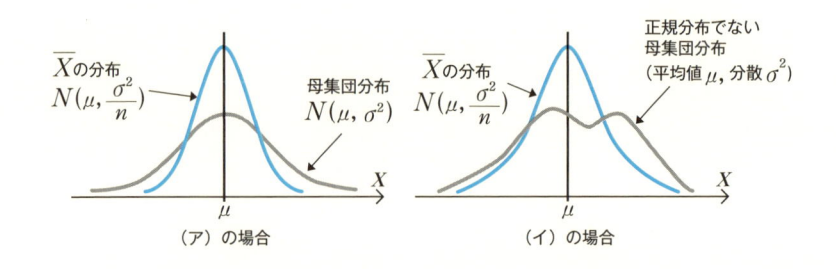

(ア) の場合: $\overline{X}$ の分布 $N(\mu, \dfrac{\sigma^2}{n})$、母集団分布 $N(\mu, \sigma^2)$

(イ) の場合: $\overline{X}$ の分布 $N(\mu, \dfrac{\sigma^2}{n})$、正規分布でない母集団分布 (平均値 μ, 分散 σ^2)

上の定理からわかるように、標本の大きさ n を大きくしていくと、標本平均 $\overline{X}$ の分散は小さくなっていきます。つまり、確率密度が平均値 μ の周りに高まってきます。これが中心極限定理という言葉の由来です。

第5章
統計的推定

5-1 統計的な推定とは
～標本から母数を推定する統計的推定

統計学の大切な応用分野の一つが推定です。標本から算出される値（これを **推定値** と呼びます）を用いて、母集団の分布に関する値（これを **母数** といいます）を推定するのです。

● 標本によるゆらぎ

母集団から標本を抽出し、それから母数についての情報を得ようとするのが **推測統計学** です（1章§1）。ところで、困ったことに、抽出する標本ごとに、その推定値が異なってしまいます。これを **標本変動** といいます。たとえば、ある都市の20歳男子の平均身長を調べるために、その中からランダムに10人の男子を抽出したとしましょう。この10人の標本から得られる平均身長は、標本ごとにばらつくことになります。

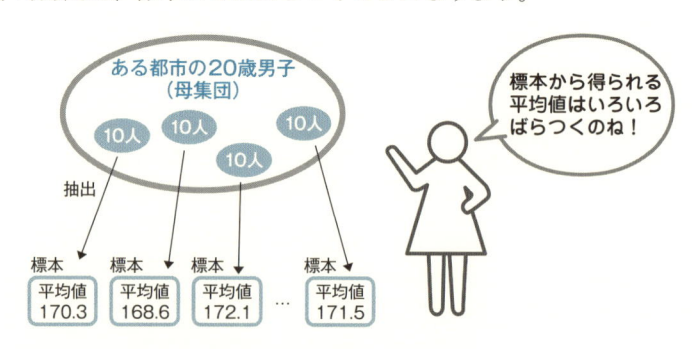

このように、ばらつきのある値から、母集団に関する真の値（母数）を推定しよう、というのが **統計的な推定** です。

● 推定のための用語

統計的な推定や検定で、最初に戸惑うのは用語です。この分野の「業界用語」に親しむことが、統計的な推定や検定を学習するための第一歩です。

すでに調べたことですが（4章）、ここで再確認しておきます。

言葉	意味	例と表記
統計量	標本を得ることで値が確定する確率変数	平均値、分散、中央値、最頻値
母数	母集団の持つ特性値	母平均、母分散
推定量	母数θを推定するために用いる統計量$\hat{\theta}$	母平均μに対する標本平均$\overline{X}$、母分散σ^2に対する不偏分散s^2
推定値	標本から得られた推定量の値	平均値$\bar{x}$、分散s^2の値
母集団分布	母集団の個体の分布	正規分布
標本分布	推定量の分布	正規分布、2項分布、t分布

左に示した20歳男子の身長を例にして、これらの用語を確認してみましょう。

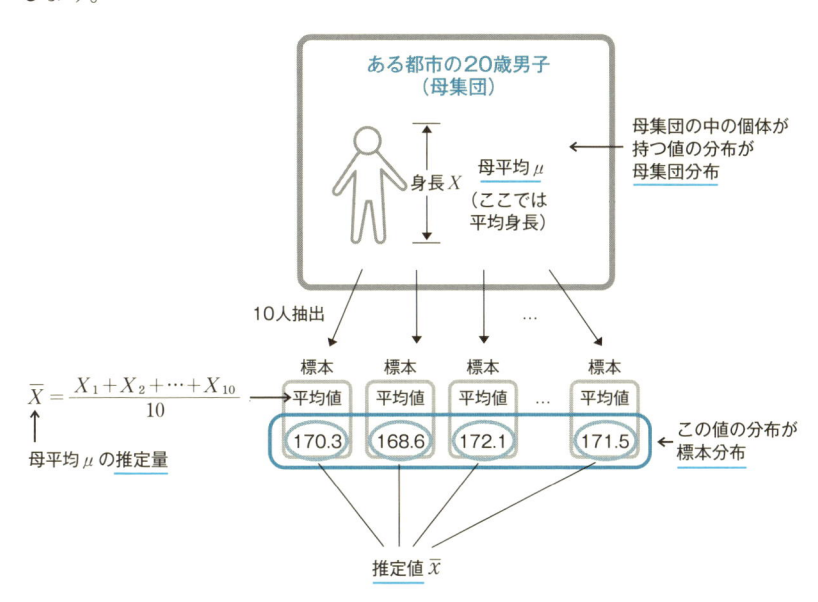

ある都市の20歳男子（母集団）

身長X　母平均μ（ここでは平均身長）

母集団の中の個体が持つ値の分布が母集団分布

10人抽出

標本　標本　標本　…　標本
平均値　平均値　平均値　平均値
170.3　168.6　172.1　171.5

この値の分布が標本分布

$$\overline{X} = \frac{X_1 + X_2 + \cdots + X_{10}}{10}$$

母平均μの推定量

推定値$\bar{x}$

この図では母集団はある都市の20歳男子の身長です。確率変数は身長Xで、その平均値（すなわち母平均）をμとします。この母平均μを推定するのが目標です。そのために、母平均μの推定量として次の$\overline{X}$を導入します。

$$\overline{X} = \frac{X_1 + X_2 + \cdots + X_{10}}{10}$$

標本を抽出し、$X_1, X_2, \cdots, X_{10}$ に具体的な値を得、**推定量** $\overline{X}$ の推定値 $\bar{x}$ を算出します。この値は標本ごとに変わりますが、その散らばりの分布が**標本分布**です。一つの推定値 $\bar{x}$ から母平均 μ を推定するのが、統計的な推定の目標になります。

● 点推定と区間推定

統計的な推定には**点推定**(point estimation)と**区間推定**(interval estimation)があります。

推定法	意味
点推定	母集団に関する真の値を、ある一つの推定値で予想する方法。
区間推定	例えば「95％の確率で、この区間に母数が入る」というような推定法。ある確率を与えて、母集団に関する真の値が入る区間を提示する推定法。

点推定には、その数値を扱いやすいというメリットがあります。それに対して、区間推定には、得られた推定区間の信頼性を評価できる、というメリットがあります。

● 例題

> **(問)** 次の標本調査で、推定量、推定値、母集団分布、標本分布は何か。
> 　日本在住の20歳女子の平均体重を調べるために、100人の20歳女子を無作為に抽出し体重を測定した。その平均値は54.5kgであった。

(解) 推定量は「100人の20歳女子の平均体重」、推定値は「54.5kg」、母集団分布は「日本在住の20歳女子の一人一人の体重の分布」、標本分布は「標本抽出された20歳女子の100人の平均体重の分布」**(答)**

5-2 最尤推定法による点推定
～尤度が最大となる値を推定値とする推定法

前節で調べたように、統計的な推定には点推定と区間推定があります。ここでは代表的な点推定法である**最尤推定法**（Maximum likelihood estimation）を調べます。

最尤推定法の例

たとえば、コインが一つあるとします。このコインの表の出る確率をpとします。この母数pを最尤推定法で推定してみましょう。

試しに5回コインを投げてみます。すると、表、表、裏、表、裏と出たとします。

(表の出る確率は p なのね)

表 表 裏 表 裏

すると、この現象の起こる確率$L(p)$は、確率pを用いて、次の関数として表現できます。この関数$L(p)$を**尤度関数**と呼びます。

$$L(p) = p \times p \times (1-p) \times p \times (1-p) = p^3(1-p)^2$$

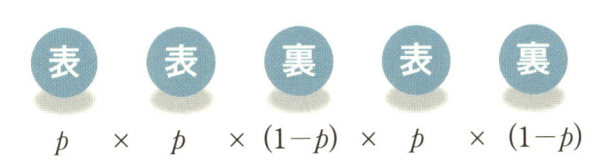

表　　表　　裏　　　表　　裏
p × p × $(1-p)$ × p × $(1-p)$

最尤推定法は、尤度関数$L(p)$の値を最大にする確率pの値が、真のコイ

ンの表の出る確率であると考えます。そこで、最大値を求めるために微分してみます。

$$L'(p) = 3p^2(1-p)^2 - 2p^3(1-p) = -5p^2(1-p)(p-0.6)$$

このことから、尤度関数$L(p)$のグラフが下図のように描けます。

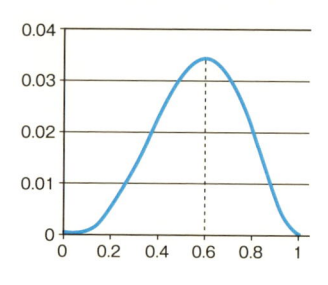

$p=0.6$のときに$L'(p)=0$となり、尤度関数$L(p)$が最大になる。

グラフから、$p=0.6$のときに最もこの現象が起こりやすいことが分かります。このことから、コインの表の出る確率pは0.6と推定されます。

$$p = 0.6$$

以上が最尤推定法の考え方です。

● 最尤推定法の公式

母数を含む尤度関数があるとき、その関数が最大値を与えるように母数を決定する方法を**最尤推定法**といいます。そこで得られた母数の値を**最尤推定値**といいます。以上をまとめてみましょう。

> 母数がθである母集団から、大きさnの標本$X_1, X_2, \cdots, X_n$の値$x_1, x_2, \cdots, x_n$が得られたとき、母集団分布を表す確率密度関数$f(x|\theta)$を用いて、次のように尤度関数$L(\theta)$を作成する。
>
> $$L(\theta) = f(x_1|\theta)f(x_2|\theta)\cdots f(x_n|\theta)$$
>
> 最尤推定法は、この尤度関数$L(\theta)$を最大にするような値を母数θの推定値とする点推定の方法である。

(注) 尤度関数 (Likelihood function) の名称には、よくLが利用されます。

例題

> 菓子Aの製造ラインから作られる製品の重さの平均値μを調べるために、3つのサンプルを取り出したところ、99g、100g、101gであった。これまでの検査によって、このラインから製造される製品の重さは正規分布に従い、その分散は3であることがわかっている。このとき、菓子Aの重さの平均値μを最尤推定法で点推定せよ。

(解) 統計モデルを支える母数は平均値μです。得られたデータ（すなわち99、100、101）は平均値μ、分散3の正規分布に従うので、尤度関数$L(\mu)$は次のように表されます。

$$L(\mu) = \frac{1}{\sqrt{2\pi \times 3}} e^{-\frac{(99-\mu)^2}{2\times 3}} \; \frac{1}{\sqrt{2\pi \times 3}} e^{-\frac{(100-\mu)^2}{2\times 3}} \; \frac{1}{\sqrt{2\pi \times 3}} e^{-\frac{(101-\mu)^2}{2\times 3}}$$

$$= \left(\frac{1}{\sqrt{2\pi \times 3}}\right)^3 e^{-\frac{(99-\mu)^2+(100-\mu)^2+(101-\mu)^2}{2\times 3}}$$

指数の底eが1より大きいので、この尤度関数の最大値は、次の式が最小になるときです。

$$(99-\mu)^2 + (100-\mu)^2 + (101-\mu)^2 = 3(100-\mu)^2 + 2$$

したがって、最尤推定値は $\mu = 100$ **(答)**

（注）この答は標本平均の値 $\bar{x} = \frac{99+100+101}{3} = 100$ と一致します。しかし一般的に、母平均の最尤推定値と標本平均の値とが一致するとは限りません。

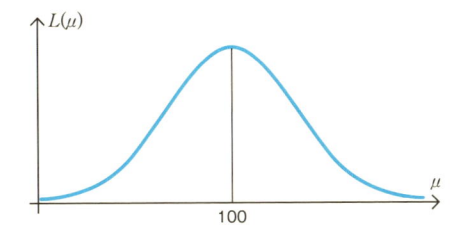

母数を含んだ尤度関数を求め、その値が最大となる値を母数の値とするのが最尤推定法です。

5-3 区間推定の考え方
～幅をもって推定する方法の仕組み

統計解析の目標の一つは、標本（サンプル）の値から元の母集団の真の値（母数）を求めることです。ここでは、その真の値を、幅を持って推定する「区間推定」の考え方を調べてみましょう。

● 標本から母数を推定

いま、下図のように中の見えない箱がたくさん並んでいたとしましょう。中にはお金が入っているとします。標本としてその中の一つを選んで開けたところ、中に500円が入っていました。この情報から、箱全体の中に入っているお金の平均値が推定できるでしょうか？

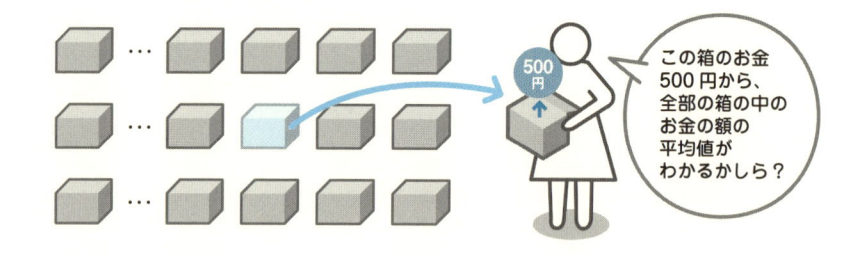

（この箱のお金500円から、全部の箱の中のお金の額の平均値がわかるかしら？）

簡単な推定の方法は、次のように答えることです。
「平均値μは500円だ！」
しかし、この推定は余りに無謀です。たった一つの箱の情報だけからは、全体の平均値など言い当てられないからです。

● 推定量と確率分布

ところで、箱の中に入っている金額Xについて、もしその分布がわかっているとしましょう。すると、話は別です。たとえば、次の情報を得ていたとします。

箱の中の金額 X は分散100の正規分布に従っている

この情報から、指定した精度で、箱全体の金額の平均値 μ の入る区間を推定できるのです。

信頼度

分布の形がわかったからといって、確率現象の世界の話ですから、断定は不可能です。そこで、
「ここからここまでの区間に母平均 μ が含まれる確率が95％」
というように、確率的な精度をもって表現するのです。この95％を**信頼度**と言います。

> 95％の確率で的に当てることができる

的に大きさを持たせる（すなわち、区間という幅を持たせる）ことで、その正しさの確率を指定できる。

では実際に、指定する確率の精度を0.95（すなわち95％）としてみましょう。そして、先に例示したように、
「箱の中の金額 X は分散100（標準偏差10）の正規分布に従う」
と仮定します。この条件のもとで、標本の箱の金額 X の値 $x = 500$ 円から、95％の確率で、箱全体の平均金額が含まれる区間を推定してみましょう。

(注) 一般的な統計学の言葉を使えば、箱の中の金額の平均値 μ が母数、標本の金額 X がその推定量、その値 x の500円が推定値です。

信頼区間

この例では、標本の箱の中の金額 X の分布は母集団分布と一致します。この X の分布のグラフを描いてみましょう。μ は平均金額の値（母平均）で、推定しようとする値です。3章で調べたように、正規分布は次のように釣

鐘型のきれいな曲線になります。

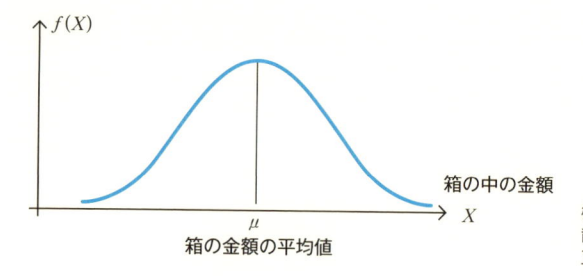

箱の金額の平均値

標本の箱の中の金額Xは分散100（標準偏差は10）の正規分布に従うと仮定する。

標本の箱ごとに金額Xの値は異なります。しかし、その散らばりの様子はこのグラフのようになるのです。標本の金額Xの値が母平均μから遠ざかるほど、その値は現れにくくなります。逆に、母平均μに近づくほど、その値は現れやすくなるのです。

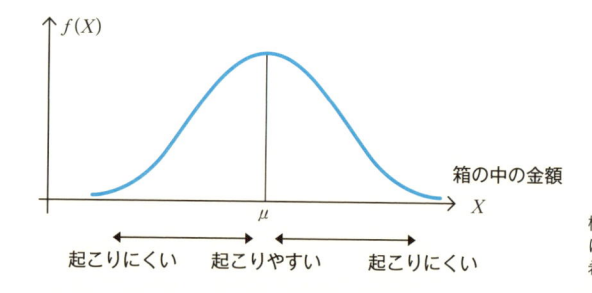

起こりにくい　　起こりやすい　　起こりにくい

標本の箱の中の金額Xの値xは、平均値μから遠ざかる程、希な値になる。

確率分布を示すグラフでは、横軸とグラフとで囲まれる部分の面積が確率を表します。そこで、平均値μを対称にしてその面積が95%を占める部分に網をかけてみましょう。

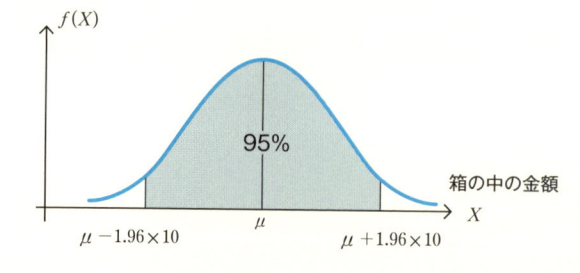

95%

$\mu - 1.96 \times 10$　　μ　　$\mu + 1.96 \times 10$

正規分布では、平均値±1.96×標準偏差の区間の面積が0.95である（両側5%点）。この性質を利用して網がかけられている。

ここで、標準偏差が10であることが利用されています（3章§4）。

標本の箱の金額Xは、95%の確率で、この網をかけた区間に現れることになります。20箱開くと19個の割合で、Xはこの網の区間に入るのです。

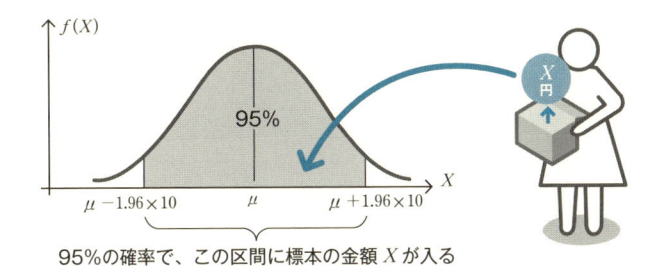

95%の確率で、この区間に標本の金額Xが入る

式で表現してみよう

以上の状況を式で表してみましょう。いま調べたように、標本の箱の中の金額Xは上の図の網をかけた部分、すなわち次の式を満たす区間に、95%の確率で入ることになります。

$$\mu - 1.96 \times 10 \leqq X \leqq \mu + 1.96 \times 10 \quad \cdots (1)$$

この(1)式を変形してみましょう。

$$\mu - 1.96 \times 10 \leqq X \quad \text{より} \quad \mu \leqq X + 1.96 \times 10$$
$$X \leqq \mu + 1.96 \times 10 \quad \text{より} \quad X - 1.96 \times 10 \leqq \mu$$

これらは次の式にまとめられます。

$$X - 1.96 \times 10 \leqq \mu \leqq X + 1.96 \times 10 \quad \cdots (2)$$

この式は95%の確率で成立する式です。数学的な式で表現すれば、次の式で表されます。

$$P(X - 1.96 \times 10 \leqq \mu \leqq X + 1.96 \times 10) = 0.95$$

実際に、標本から得られた値500円を標本Xの値として、(2)に代入してみましょう。

$$500 - 1.96 \times 10 \leqq \mu \leqq 500 + 1.96 \times 10$$

5-3 区間推定の考え方 〜幅をもって推定する方法の仕組み

計算すると次の不等式が得られます。

$$480.4 \leq \mu \leq 519.6$$

これが目標の式です。この式は95%の確率で成立する式なのです。**信頼度95%の信頼区間**といわれます。

信頼度95%の信頼区間の意味

　以上が区間推定の考え方です。(2)式は、標本から得られた金額Xから、母平均μを95%の精度で区間推定した式になっています。

　さて、「95%の信頼度の信頼区間」とは、どんな意味なのでしょうか？それは、その区間に95%の確率で母数が存在することを意味します。その意味するところを下図に示しましょう。

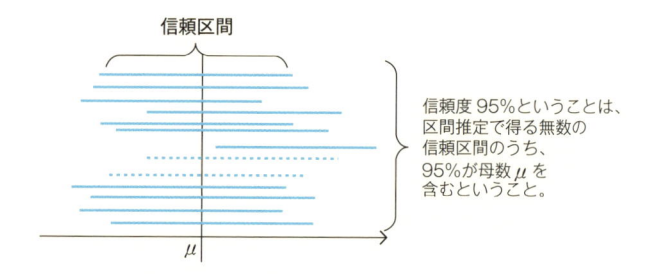

信頼区間

信頼度95%ということは、区間推定で得る無数の信頼区間のうち、95%が母数μを含むということ。

区間推定の考え方のまとめ

　ここで調べた区間推定の流れをまとめてみましょう。

　標本から得られた推定量$\hat{\theta}$（いまの例では箱の金額X）の推定値t（いまの例では500円）を用いて母数θ（いまの例では箱の金額の平均値μ）を区間推定するには、次のステップを追います。

（Ⅰ）推定値を得る。
（Ⅱ）母数θに対する推定量$\hat{\theta}$が従う確率分布を調べる。
（Ⅲ）信頼度αを指定し、（Ⅱ）の確率分布から母数θの信頼区間を求める。

例題で確かめよう

> **(問)** たくさんの箱があり、その箱の一つ一つには、お金が納められている。この箱の中の金額は分散10000の正規分布に従うという。ランダムに一つの箱を開け、中の金額を調べたら1000円であった。これから、箱全体の金額の平均値μを、99%の信頼度で推定せよ。

(解) いま調べた手順に従って解いてみます。先の例と同様、母平均μの推定量は「箱の中のお金の額X」です。

(Ⅰ) 推定値は1000
(Ⅱ) 推定量Xの分布は、分散10000の正規分布。
(Ⅲ) 推定量は信頼度99%の確率で、次の区間に存在します。

$$\mu - 2.58 \times 100 \leq X \leq \mu + 2.58 \times 100$$

ここで、100は標準偏差、2.58×100は（Ⅱ）の分布の両側1%点です。式変形すると、

$$X - 2.58 \times 100 \leq \mu \leq X + 2.58 \times 100$$

推定量Xに推定値1000を代入すると、

$$1000 - 2.58 \times 100 \leq \mu \leq 1000 + 2.58 \times 100$$

計算すると信頼度99%の信頼区間が次のように得られます。

$$742 \leq \mu \leq 1258 \quad \textbf{(答)}$$

MEMO　標本誤差

標本調査では、母集団全体の一部分だけを調べるので、標本の取り方から生まれる誤差が生じます。標本調査におけるこの種の誤差を**標本誤差**といいます。本章§1で調べた「標本変動」もその一つです。標本誤差は標本調査をする以上、避けられないものです。

5-4 正規母集団の母平均の推定（分散既知）
～分散がわかっているときの推定法

ある都市の20歳の男子の平均身長μを推定するために、ランダムに選んだ10人の20歳男子の身長Xを調べ、平均身長$\overline{X}$の値171.6cmを得たとしましょう。このとき、どのようにしてその都市の20歳男子の平均身長を推定すればよいでしょうか。答のキーは「身長Xが正規分布で近似される」という仮定です。本節では、母分散σ^2が25.0と分かっているものとし、この仮定の下で統計的な推定を調べてみましょう。

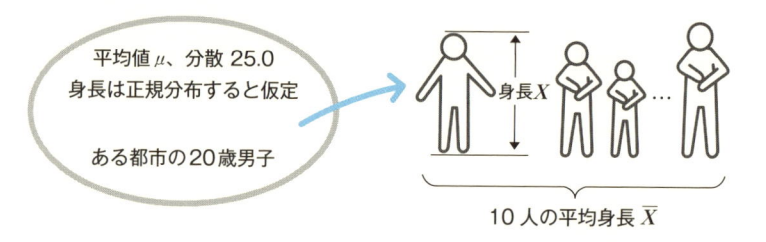

● 推定値を得る

いま述べたように、ある都市の20歳男子の平均身長μを推定するために、ランダムに20歳の男子を10人抽出し、その身長を調べました。その結果、次のようなデータが得られたとしましょう。

184.2	176.4	168.0	170.0	159.1
177.7	176.0	165.3	164.6	174.4

これから、母平均の推定値となる標本平均は次のように得られます。

$$\overline{x} = \frac{184.2 + 176.4 + 168.0 + \cdots + 164.6 + 174.4}{10} = 171.6 \text{cm} \quad \cdots (1)$$

最初に述べたように、母集団の分散（すなわち母分散）σ^2が分かっているものと仮定します。

$$\sigma^2 = 25.0 \quad (\text{標準偏差} \sigma = 5.0)$$

この仮定は、過去に大規模な調査をした場合などに有効です。

標本平均の確率分布を調べる

身長は近似的に正規分布すると考えられます。そこで、次の定理が利用できます（4章§5）。

> 変数 X について母集団の分布が平均値 μ、分散 σ^2 の正規分布のとき、大きさ n の標本平均 $\overline{X}$ の分布は次の性質を持つ正規分布になる。
>
> 平均値 μ、分散 $\dfrac{\sigma^2}{n}$

いま、母平均 μ は不明ですが、母分散 σ^2 の値は 25.0 と分かっています。そこで、平均身長 $\overline{X}$ の確率分布は、この定理から下図のようになります。

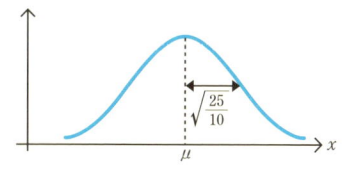

母集団が正規分布すると仮定。平均値 μ は不明で分散は 25/10。

すなわち、標本平均 $\overline{X}$ の分布は次の正規分布になるのです。

$$\begin{cases} 平均値 : \mu \\ 分\ \ 散 : \dfrac{25}{10} = 2.5 \quad (\text{標準偏差} : \sqrt{\dfrac{25}{10}} = \sqrt{2.5} = 1.5811\cdots) \end{cases}$$

信頼度95%の信頼区間

標本平均 $\overline{X}$ の分布がわかりました。次に、目的とする推定区間の精度を表す**信頼度**を与えなければいけません。ここでは 0.95（すなわち 95%）を指定しましょう。

標本平均$\overline{X}$がいま調べたように分散2.5の正規分布に従うなら、この$\overline{X}$の値$\bar{x}$は次の区間に、95%の確率で現れることになります（3章§4）。

$$\mu - 1.96 \times \sqrt{2.5} \leq \overline{X} \leq \mu + 1.96 \times \sqrt{2.5}$$

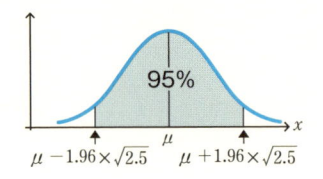

平均値μ、標準偏差σの正規分布では、μから±1.96×σの範囲に95%の確率が入る。すなわち、両側5%点はμ ± 1.96×σ（3章§4）。

この式を変形すると、次の式が得られます（前節参照）。

$$\overline{X} - 1.96 \times \sqrt{2.5} \leq \mu \leq \overline{X} + 1.96 \times \sqrt{2.5} \quad \cdots (2)$$

ちなみに、(2)式が0.95の確率で成立することを数学的な式では次のように表現します。

$$P(\overline{X} - 1.96 \times \sqrt{2.5} \leq \mu \leq \overline{X} + 1.96 \times \sqrt{2.5}) = 0.95$$

さて、先の標本から得られた標本平均$\overline{X}$の値は(1)より

$$\bar{x} = 171.6$$

これを(2)に代入して、母平均μの推定区間が得られます。

$$168.5 \leq \mu \leq 174.7$$

これが目標の式です。母平均μを95%の信頼度で推定した式です。

（注）(2)に示した信頼区間を、多くの文献では数学の閉区間の記号を利用して、一般的に次のように表現しています。

信頼度95%　$[\overline{X} - 1.96 \times \sqrt{2.5},\ \overline{X} + 1.96 \times \sqrt{2.5}]$

信頼度を99%にしたら？

今度は信頼度を0.99（すなわち99%）と指定しましょう。信頼度の数値を変えても、考え方は95%のときとまったく同じです。

正規分布の性質から、標本平均$\overline{X}$は次の区間に99％の確率で現れることになります（3章§4）。

$$\mu - 2.58 \times \sqrt{2.5} \leq \overline{X} \leq \mu + 2.58 \times \sqrt{2.5}$$

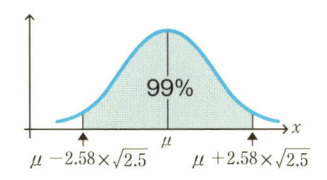

平均値μ、標準偏差σの正規分布では、μから$\pm 2.58 \times \sigma$の範囲に99％の確率が入る。すなわち、両側1％点は$\mu + 2.58 \times \sigma$（3章§4）。

この式を変形すると、次の式が得られます。

$$\overline{X} - 2.58 \times \sqrt{2.5} \leq \mu \leq \overline{X} + 2.58 \times \sqrt{2.5} \quad \cdots (3)$$

先の標本から得られた標本平均の値$\overline{x}$は(1)より171.6なので、この(3)式の$\overline{X}$に代入して、ある都市の20歳男子身長の母平均μの推定区間が得られます。

$$167.5 \leq \mu \leq 175.7$$

これが母平均μを99％の信頼度で推定した式になっています。

公式としてまとめよう

以上の議論を公式としてまとめましょう。

> 母集団における確率変数Xが母平均μ、母分散σ^2の正規分布に従うとする。このとき、大きさnの標本から得られる標本平均$\overline{X}$に対して母平均μは、指定された信頼度において、次の区間に入る。
>
> 信頼度95％の信頼区間：$\overline{X} - 1.96 \times \dfrac{\sigma}{\sqrt{n}} \leq \mu \leq \overline{X} + 1.96 \times \dfrac{\sigma}{\sqrt{n}}$
>
> 信頼度99％の信頼区間：$\overline{X} - 2.58 \times \dfrac{\sigma}{\sqrt{n}} \leq \mu \leq \overline{X} + 2.58 \times \dfrac{\sigma}{\sqrt{n}}$

この公式から、標本平均 $\overline{X}$ の値が $\overline{x}$ のとき、信頼区間95%の信頼区間は次のように具体的に与えられることになります。

$$95\%の信頼区間: \overline{x} - 1.96 \times \frac{\sigma}{\sqrt{n}} \leq \mu \leq \overline{x} + 1.96 \times \frac{\sigma}{\sqrt{n}}$$

例題で確かめよう

(問1) ある県の20歳男子の200人を無作為に抽出し、身長の平均が168.0であった。母標準偏差を6.5cmとして、この県の20歳男子全体の平均身長 μ に対する信頼度95%の信頼区間を求めよ。

(解) 公式の σ、n、$\overline{X}$ には、次の値が対応します。

$$\sigma = 6.5, \ n = 200, \ \overline{X} の値 \overline{x} = 168.0$$

これらを先の公式に代入して、

$$168.0 - 1.96 \times \frac{6.5}{\sqrt{200}} \leq \mu \leq 168.0 + 1.96 \times \frac{6.5}{\sqrt{200}}$$

これから、信頼度95%の信頼区間は　　$167.1 \leq \mu \leq 168.9$ **(答)**

(問2) ある工場で生産される製品1個あたりの重さの母標準偏差 σ は5gであるという。その母平均 μ を信頼度95%で推定するとき、信頼区間の幅を0.4g以下にするには、標本の大きさ n を少なくともいくらにすればよいか。

(解) 公式から、信頼度95%の信頼区間の幅は $2 \times 1.96 \times \frac{\sigma}{\sqrt{n}}$ であり、これが0.4以下なので、

$$2 \times 1.96 \times \frac{\sigma}{\sqrt{n}} \leq 0.4$$

$\sigma = 5$ を代入し、整理すると、

$$n \geqq \left(\frac{2 \times 1.96 \times 5}{0.4}\right)^2 = 2401 \quad \textbf{(答)}$$

標本として2401個以上の個体を抽出しないと、95%の信頼度で信頼区間の幅を0.4g以下にできないのです。

MEMO　信頼度と推定幅

先の公式において、信頼度95%の信頼区間、99%の信頼区間は次のようでした。

信頼度95%の信頼区間：$\overline{X} - 1.96 \times \dfrac{\sigma}{\sqrt{n}} \leqq \mu \leqq \overline{X} + 1.96 \times \dfrac{\sigma}{\sqrt{n}}$

信頼度99%の信頼区間：$\overline{X} - 2.58 \times \dfrac{\sigma}{\sqrt{n}} \leqq \mu \leqq \overline{X} + 2.85 \times \dfrac{\sigma}{\sqrt{n}}$

したがって、信頼度を95%から99%に増やそうとすると推定区間幅は

$$\frac{2 \times 2.58 \dfrac{\sigma}{\sqrt{n}}}{2 \times 1.96 \dfrac{\sigma}{\sqrt{n}}} = \frac{2.58}{1.96} \fallingdotseq 1.32$$

と約1.32倍に増えてしまいます。このように、区間推定では信頼度を高めようとすると推定した区間幅は広がります。これは区間推定の宿命です。信頼度を高めようとすると判断は慎重になり区間幅を増やすことになるからです。これは、手元にある同じデータを使って判断する限り致し方のないことです。例えて言えば、同じ技量の人が、より確実に的に当てたければ、的を大きくするしかないことと似ています。

> 95%の確率で的に当てることができる

> 99%の確率で的に当てることができる

同じ技量

5-5 正規母集団の母平均の推定（分散未知）
～分散が不明のときの推定法

前節(§4)では、正規母集団のとき、すなわち母集団が正規分布するときに、分散が既に知られているという仮定のもとで、母平均 μ を区間推定しました。しかし、母分散が分かっていないとき（すなわち、分散未知のとき）は、どうしたらよいでしょうか。本節では、正規母集団で、この分散未知の場合の統計的な推定を行ってみましょう。

● 推定値を得る

いま、ある都市の20歳男子の平均身長 μ を推定するために、20歳の男子10人を抽出し、その身長を調べました。その結果、次のようなデータが得られたとしましょう（これは前節の例と同じです）。

184.2	176.4	168.0	170.0	159.1
177.7	176.0	165.3	164.6	174.4

前節と同様、ある都市の20歳男子の身長は正規分布すると仮定します。しかし、前節とは異なり、分散は不明であるとします。

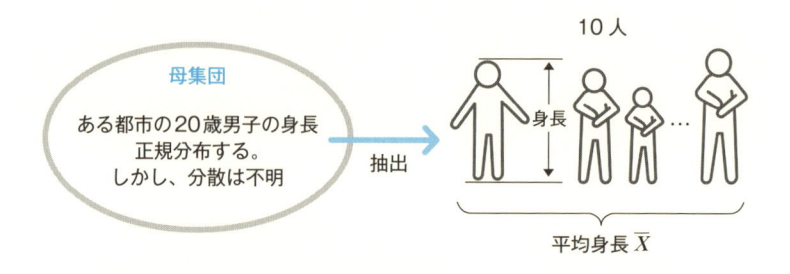

まず、標本平均の推定値 $\bar{x}$、不偏分散の推定値 s^2 を求めてみましょう。

$$\bar{x} = \frac{184.2 + 176.4 + 168.0 + \cdots + 164.6 + 174.4}{10} = 171.6 cm \quad \cdots(1)$$

$$s^2 = \frac{(184.2 - \bar{x})^2 + (176.4 - \bar{x})^2 + \cdots + (174.4 - \bar{x})^2}{10 - 1} = 56.3$$

標本平均の確率分布を調べる

ここで、母分散が分かっていないときに成立する定理を紹介しましょう。

> 確率変数 X について正規分布する母集団の平均値が μ のとき、大きさ n の標本平均 $\overline{X}$ から作られる次の統計量 T は自由度 $n-1$ の t 分布に従う。ただし、s は不偏分散から求めた標準偏差とする。
>
> $$T = \frac{\overline{X} - \mu}{\dfrac{s}{\sqrt{n}}} \quad \cdots(2)$$

いまの例では、$n = 10$、$s^2 = 56.3$($s = 7.50$)なので、

$$T = \frac{\overline{X} - \mu}{\dfrac{7.50}{\sqrt{10}}} \quad \cdots(3)$$

が自由度 9($= 10 - 1$)の t 分布に従うのです。

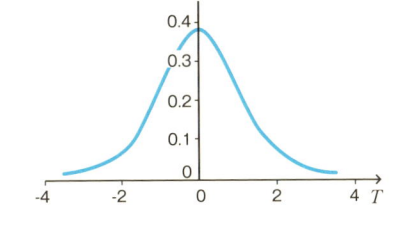

身長の標本平均から作られた新変数 T はこのグラフの分布、すなわち自由度 9 の t 分布に従う。

信頼度95%の信頼区間

標本平均 $\overline{X}$ から導かれた統計量 T は t 分布に従うことを調べました。次に、推定区間の精度を表す**信頼度**を与えなければいけません。いまは 0.95

（すなわち95％）を指定しましょう。

ここでt分布の性質を使います。いま調べている身長の例では、統計量Tが自由度9のt分布に従うことが利用されますが、このt分布では次の図の網をかけた区間に95％の確率で確率変数Tの値が現れます。

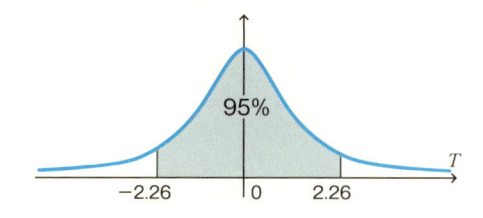

自由度9のt分布では±2.26の範囲に95％の確率が入る。すなわち、両側5％点は2.26（3章§6）。

式で示すと次の区間に95％の確率でTの値が現れます。

$$-2.26 \leq T \leq 2.26$$

（注）t分布のパーセント点は、t分布表や、Excel等の統計処理ソフトから求められます。

さて、これをもとの身長の確率変数に戻してみましょう。(3)から

$$-2.26 \leq \frac{\overline{X} - \mu}{\frac{7.50}{\sqrt{10}}} \leq 2.26$$

この式を変形すると次の式が得られます。

MEMO — Tの式変形

(2)に含まれるsは不偏分散から求めた標準偏差です。ところで、Sを標本分散から求めた標準偏差とすると、次の関係があります（4章§3）。

$$s^2 = \frac{n}{n-1} S^2$$

これを(2)に代入すると

$$T = \frac{\overline{X} - \mu}{s/\sqrt{n}} = \frac{\overline{X} - \mu}{S/\sqrt{n-1}}$$

この右端の式を利用してTを算出する文献もあります。

$$\overline{X} - 2.26 \times \frac{7.50}{\sqrt{10}} \leq \mu \leq \overline{X} + 2.26 \times \frac{7.50}{\sqrt{10}} \quad \cdots (4)$$

ちなみに、この (4) 式は0.95の確率で成立するわけですが、このことを数式では次のように表現します。

$$p(\overline{X} - 2.26 \times \frac{7.50}{\sqrt{10}} \leq \mu \leq \overline{X} + 2.26 \times \frac{7.50}{\sqrt{10}}) = 0.95$$

さて、先の標本から得られた標本平均 $\overline{X}$ の値 は(1)より

$$\overline{x} = 171.6$$

これを (4) に代入して、母平均 μ の推定区間が得られます。

$$166.2 \leq \mu \leq 177.0$$

これが目標の式です。つまり、母平均 μ を95%の信頼度で推定した式です。

(注) 信頼区間 (4) を、数学の閉区間記号を利用して次のように表現することもできます。

信頼度95% $[\overline{X} - 2.26 \times \frac{7.50}{\sqrt{10}}, \ \overline{X} + 2.26 \times \frac{7.50}{\sqrt{10}}]$

● 信頼度を99%にしたら？

今度は信頼度を99%にしてみましょう。信頼度の数値を変えても、考え方は95%のときとまったく同じです。

t 分布の性質から、統計量 T は次の区間に99%の確率で現れることになります。

$$-3.25 \leq T \leq 3.25$$

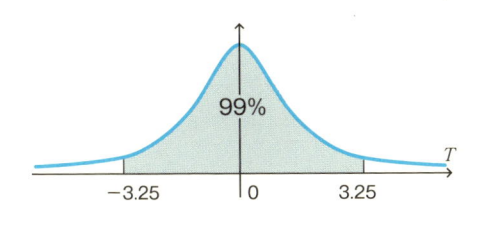

自由度9の t 分布では±3.25の範囲に99%の確率が入る。すなわち、両側1%点は3.25 (3章§6)。

(4) 式を得たのと同様な変形を行って、次の式が得られます。

$$\overline{X} - 3.25 \times \frac{7.50}{\sqrt{10}} \leq \mu \leq \overline{X} + 3.25 \times \frac{7.50}{\sqrt{10}}$$

標本平均の推定値 $\overline{x} = 171.6$ を代入して、ある都市の20歳男子身長の母平均 μ の推定区間が得られます。

$$163.8 \leq \mu \leq 179.4$$

これが母平均 μ を99%の信頼度で推定した式です。

公式としてまとめよう

以上の議論を公式としてまとめましょう。

確率変数 X が母平均 μ の正規分布に従うとする。このとき、大きさ n の標本から得られる標本平均 $\overline{X}$、不偏分散 s^2 に対して、母平均 μ の信頼度 $100(1-p)$% の信頼区間は

$$\overline{X} - t(p)\frac{s}{\sqrt{n}} \leq \mu \leq \overline{X} + t(p)\frac{s}{\sqrt{n}}$$

ただし、$t(p)$ は t 分布の両側 $100p$% 点で、次のように図示される点である。

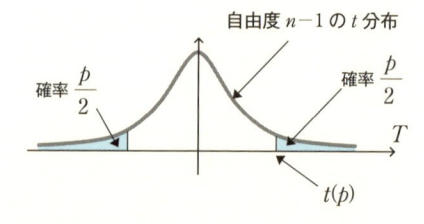

自由度 $n-1$ の t 分布
確率 $\frac{p}{2}$
確率 $\frac{p}{2}$
$t(p)$

(注1) この公式の中の s は不偏分散 s^2 から求めた標準偏差 $(=\sqrt{s^2})$ です。
(注2) $t(p)$ の値は t 分布表や Excel などの統計処理ソフトウェアで求められます。

この公式から、標本平均 $\overline{X}$ の推定値が $\overline{x}$ のとき、信頼区間 $100(1-p)$% の信頼区間は次のように与えられることになります。

$$100(1-p)\text{%の信頼区間}: \overline{x} - t(p)\frac{s}{\sqrt{n}} \leq \mu \leq \overline{x} + t(p)\frac{s}{\sqrt{n}}$$

例題で確かめよう

(問) ある県の20歳男子から大きさ40人の標本を無作為に抽出し、身長の平均を求めたら168.0 cmであった。母分散は不明で、標本の不偏分散を求めたら37.5 cm²であった。この県の20歳男子全体の平均身長 μ に対する信頼度95%の信頼区間を求めよ。

(解) 公式の s、n、$\overline{X}$、$t(0.05)$ には、次の値が対応します。

$$s = \sqrt{37.5} = 6.12, \ n = 40, \ \overline{X} \text{ の値 } \overline{x} = 168.0, \ t(0.05) = 2.02$$

これらを先の公式に代入して、

$$168.0 - 2.02 \times \frac{6.12}{\sqrt{40}} \leq \mu \leq 168.0 + 2.02 \times \frac{6.12}{\sqrt{40}}$$

これから、信頼度95%の信頼区間は

$$166.0 \leq \mu \leq 170.0 \ \textbf{(答)}$$

(注) $t(0.05) = 2.02$ は t 分布表や、Excelなどの統計計算ソフトウェアで求められる。

MEMO　Excelによる t 分布のパーセント点の求め方

Excelの TINV 関数を利用することにより t 分布のパーセント点が簡単に得られます。すなわち、両側 $100p$ パーセント点は次の関数で得られます。

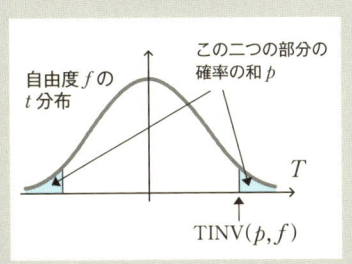

$$\text{TINV}(p, f)$$

たとえば、本節の(4)、(5)式で利用した5%点である2.26、1%点である3.25は、各々次のように得られます。

$$\text{TINV}(0.05, 9)、\text{TINV}(0.01, 9)$$

5-6 大きな標本における母平均の推定 〜なにも情報が無いときの推定法

これまでに紹介した推定では、いずれも母集団分布として正規分布を仮定しました。その上で、分散が既知の場合と未知の場合の対処法を調べました。本節では、母集団が正規分布をなすという仮定をはずしてみましょう。更に、分散も不明とします。

推定値を得る

ある都市の20歳男子の平均身長 μ を推定するためにランダムに20歳の男子を36人抽出したら次の標本を得ました。

170.6	169.1	165.5	173.2	175.2	171.5	173.5	170.8	178.5
170.7	173.8	173.6	174.5	173.0	169.3	176.0	170.1	167.9
169.1	177.4	161.4	161.6	162.0	167.4	176.8	177.0	180.6
171.5	172.8	162.6	175.6	171.4	177.7	167.4	169.5	179.1

いままでは、この都市の身長の分布が正規分布であることを仮定しましたが、ここではその仮定は外されています。

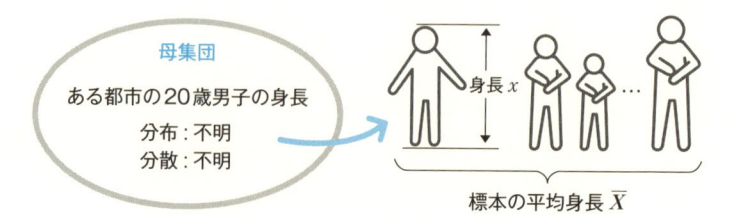

母集団
ある都市の20歳男子の身長
分布：不明
分散：不明

身長 x

標本の平均身長 $\overline{X}$

まず、標本平均 $\overline{x}$、不偏分散 s^2 を求めてみましょう。

$$\overline{x} = \frac{170.6+169.1+165.5+\cdots+169.5+179.1}{36} = 171.6 \quad \cdots (1)$$

$$s^2 = \frac{(170.6-\overline{x})^2+(169.1-\overline{x})^2+\cdots+(179.1-\overline{x})^2}{36-1} = 25.0 = 5.0^2$$

標本平均の確率分布を調べる

母集団分布が不明なときにも有効なのが、「中心極限定理」です（4章§5）。以下に、正規母集団を仮定しないときのこの定理を、もう一度紹介しましょう。

> 平均μ、分散σ^2の母集団から抽出された大きさnの標本の標本平均を$\overline{X}$とする。このとき、
>
> (1) $\overline{X}$の平均値はμ、分散は$\dfrac{\sigma^2}{n}$
>
> (2) 母集団分布が正規分布でないときでも、nの値が大きいとき、$\overline{X}$の分布は正規分布で近似できる。

この定理を図示すると次のようになります。

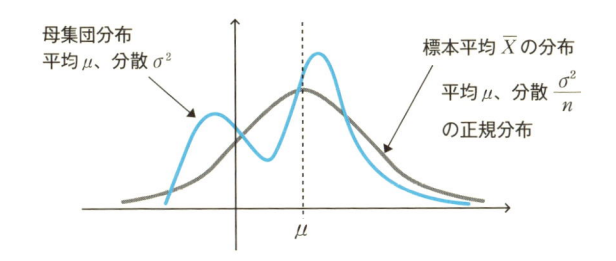

母集団分布
平均μ、分散σ^2

標本平均$\overline{X}$の分布
平均μ、分散$\dfrac{\sigma^2}{n}$
の正規分布

ところで、母分散σ^2は分かっていません。そこで、次の性質を利用します。すなわち、nがある程度より大きければ母分散σ^2は、不偏分散s^2と置き換えてもよい、という性質です。そこで、この性質と上の中心極限定理とを組み合わせて、新たに次の定理が得られます。

> 平均がμの母集団から、大きさnの標本を取り出し、その標本平均を$\overline{X}$、不偏分散をs^2とすると、nがある程度大きければ、標本平均$\overline{X}$の分布は平均μ、分散$\dfrac{s^2}{n}$の正規分布に従う。

（注）$n \geq 30$を満たせば、この定理が使えることが知られています。

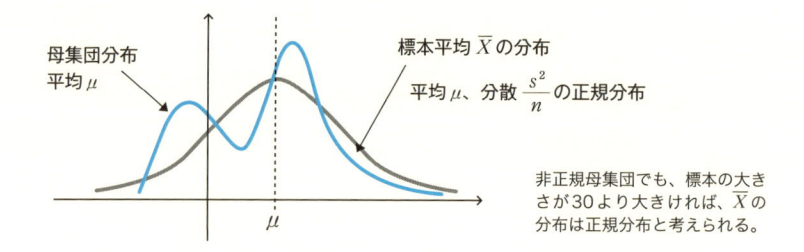

母集団分布
平均 μ

標本平均 $\overline{X}$ の分布
平均 μ、分散 $\dfrac{s^2}{n}$ の正規分布

非正規母集団でも、標本の大きさが30より大きければ、$\overline{X}$ の分布は正規分布と考えられる。

以上より、いま調べている身長の例における標本平均 $\overline{X}$ の分布は、平均が母平均 μ、分散が $\dfrac{s^2}{n} = \dfrac{5.0^2}{36}$ の正規分布 $N\left(\mu, \dfrac{5.0^2}{36}\right)$ になることが分かります。

信頼度95%の信頼区間

次に、目的とする推定区間の精度を表す信頼度を与えましょう。ここでは0.95（すなわち95%）を指定します。

標本平均 $\overline{X}$ が正規分布 $N\left(\mu, \dfrac{5.0^2}{36}\right)$ に従うので、標本平均 $\overline{X}$ の値は次の区間に、95%の確率で現れることになります（3章§4）。

$$\mu - 1.96 \times \dfrac{5.0}{\sqrt{36}} \leq \overline{X} \leq \mu + 1.96 \times \dfrac{5.0}{\sqrt{36}}$$

正規分布 $N\left(\mu, \dfrac{5.0^2}{36}\right)$

95%

$\mu - 1.96 \times \dfrac{5.0}{\sqrt{36}}$　　$\mu + 1.96 \times \dfrac{5.0}{\sqrt{36}}$

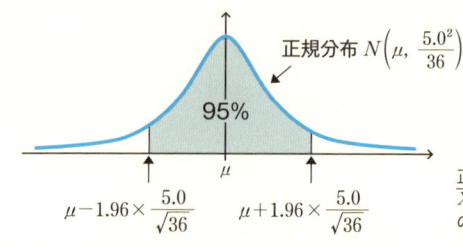

正規分布の性質から、確率変数 $\overline{X}$ はこの網の掛けた範囲に95%の確率で値をとる。

この式から次の式が得られます。

$$\overline{X} - 1.96 \times \dfrac{5.0}{\sqrt{36}} \leq \mu \leq \overline{X} + 1.96 \times \dfrac{5.0}{\sqrt{36}} \quad \cdots (?)$$

先の標本から得られた標本平均$\overline{X}$の推定値は(1)より

$$\overline{x} = 171.6$$

(2)の$\overline{X}$にこの値を代入して、母平均μの推定区間が得られます。

$$170.0 \leqq \mu \leqq 173.2$$

これが目標の式です。つまり、母平均μを95%の信頼度で推定した式です。

信頼度99%の信頼区間

次に信頼度99%の信頼区間を求めてみましょう。先ほどの議論は、信頼度を0.99（すなわち99%）と指定しても同様です。(2)に相当する式の結論だけを示しておきましょう。

$$\overline{X} - 2.58 \times \frac{5.0}{\sqrt{36}} \leqq \mu \leqq \overline{X} + 2.58 \times \frac{5.0}{\sqrt{36}}$$

先の標本平均の推定値(1)の$\overline{x}$を代入して、

$$169.5 \leqq \mu \leqq 173.8$$

これが母平均μを99%の信頼度で推定した式になっています。

公式としてまとめよう

以上の議論を公式としてまとめましょう。

> 母集団から抽出した大きさnの標本の標本平均を$\overline{X}$、不偏分散をs^2とする。このとき、nが大きければ標本平均$\overline{X}$は、指定された信頼度において、次の推定区間に入る。
>
> 信頼度95%の信頼区間：$\overline{X} - 1.96 \times \dfrac{s}{\sqrt{n}} \leqq \mu \leqq \overline{X} + 1.96 \times \dfrac{s}{\sqrt{n}}$
>
> 信頼度99%の信頼区間：$\overline{X} - 2.58 \times \dfrac{s}{\sqrt{n}} \leqq \mu \leqq \overline{X} + 2.58 \times \dfrac{s}{\sqrt{n}}$

例題で確かめよう

> **(問)** ある県の20歳男子から大きさ200人の標本を無作為に抽出し身長の平均を求めたら168.0cmであった。母分散は分からなかったので標本の不偏分散を求めたら37.5cm²であった。この県の20歳男子全体の平均身長μに対する信頼度95%の信頼区間を求めよ。

(解) 標本の大きさが200と十分大きいので、母集団分布が不明のときの本節の公式が使えます。s、n、$\overline{X}$には、次の値が対応します。

$$s = \sqrt{37.5} = 6.12、n = 200、\overline{X} \text{の値} \overline{x} = 168.0$$

先の公式に代入して、

$$168.0 - 1.96 \times \frac{6.12}{\sqrt{200}} \leq \mu \leq 168.0 + 1.96 \times \frac{6.12}{\sqrt{200}}$$

これから、信頼度95%の信頼区間は

$$167.1 \leq \mu \leq 168.8 \quad \textbf{(答)}$$

MEMO　大数の法則と中心極限定理

中心極限定理から、平均μの母集団から、大きさnの標本を取り出し、その標本平均を$\overline{X}$、不偏分散をs^2とすると、nがある程度大きければ、標本平均$\overline{X}$の分布は平均μ、分散$\dfrac{s^2}{n}$の正規分布に従うことを調べました。ここで、標本の大きさnを十分大きくとると、分散$\dfrac{s^2}{n}$は無視できるほど小さくなります。ということは、標本平均$\overline{X}$が実質的に母平均μと一致することを示します。これを **大数の法則** と言います。たくさんのデータを集めれば、それから得られる平均値はいくらでも母平均に近づく、という経験的法則を中心極限定理は証明するのです。

5-7 母比率の推定
～標本比率から母比率を推定

　ある都市の市長選挙に先だって、A候補者の支持率を知るためにランダムに有権者100人を選び、「A候補者を支持するか」を調べました。すると、64人が支持、36人が不支持でした。すなわち、支持率が0.64（＝64%）でした。この調査結果をもとに、市民全体のA候補者の支持率を推定してみましょう。

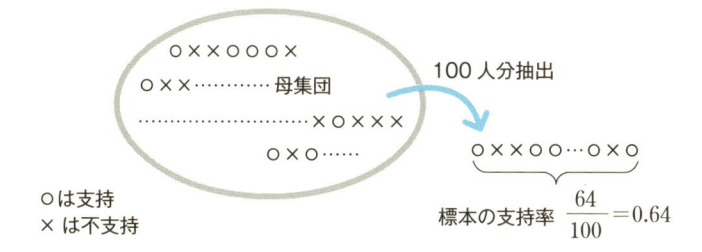

○は支持
×は不支持

100人分抽出

標本の支持率 $\dfrac{64}{100}=0.64$

● 母集団分布はベルヌーイ分布

　まず、母集団となるある都市の有権者全員の支持・不支持を考えます。支持者を1、不支持の人を0で表すと、母集団は1と0の集合になります。前節まで例として用いてきた身長がいろいろな値の集合であることと比べると、大きく異なります。

支持者を1、不支持の人を0で表すと、母集団は1と0の集合になる。

ここで、母集団において支持の割合がpだとしましょう（$0 \leq p \leq 1$）。これを**母比率**といいます。当然、不支持の割合はq（$=1-p$）となります。この母集団から一人を選び、その人が「支持」ならば1、不支持なら0をとる確率変数Xを考えます。すると、この母集団におけるこの確率変数Xの確率分布は次の表のようになります。

Xの値	1	0	計
確率P	p	$q(=1-p)$	1

この確率変数Xの分布はベルヌーイ分布です。平均値はp、分散はpq（$=p(1-p)$）になります（3章§2）。

分布のグラフを見てみましょう。前節までの例として用いてきた身長の分布とは大きく異なります。

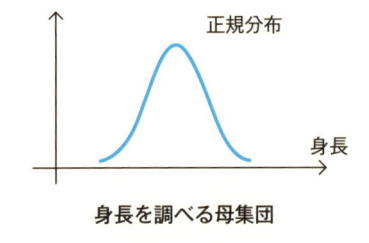

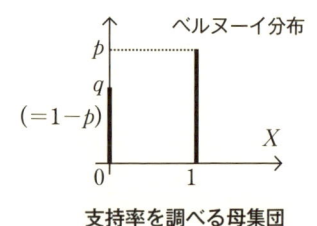

正規分布
身長
身長を調べる母集団

ベルヌーイ分布
p
q
$(=1-p)$
X
支持率を調べる母集団

● 支持率の確率分布を調べる

この1と0からなる母集団から大きさnの標本を抽出してみましょう。標本平均を$\overline{X}$とすると、i番目に抽出した有権者の確率変数をX_iとして、

$$\overline{X} = \frac{X_1 + X_2 + X_3 + \cdots + X_n}{n} \quad \cdots (1)$$

いま調べている支持率の調査の例でいうと、次のように書けるでしょう。

$$n = 100、X_1 = 1, X_2 = 0, X_3 = 0, \cdots, X_{100} = 1、\overline{X}\text{の値} = 0.64 \quad \cdots (2)$$

これから分かるように、(1)で与えられる標本平均$\overline{X}$は標本比率（すなわち標本の支持率）そのものを表しています。

さて、X の分布はベルヌーイ分布に従いますが、中心極限定理（4章§5）から、n がある程度大きければ、その標本平均 $\overline{X}$ の分布は母平均 p、分散 $\dfrac{pq}{n}\left(=\dfrac{p(1-p)}{n}\right)$ の正規分布で近似できます。いま、n は100で十分大きいので、この近似が利用できます。

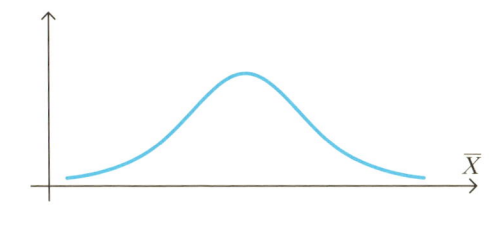

標本比率 $\overline{X}$ の分布は平均値 p、分散 $\dfrac{p(1-p)}{n}$ の正規分布。

信頼度95%の信頼区間

これまで度々調べてきたように、正規分布の性質から、平均値 p、分散 $\dfrac{pq}{n}$ の正規分布をする $\overline{X}$ は、95%の確率で次の不等式を満たします。

$$p-1.96\sqrt{\dfrac{p(1-p)}{n}} \leq \overline{X} \leq p+1.96\sqrt{\dfrac{p(1-p)}{n}}$$

変形して

$$\overline{X}-1.96\sqrt{\dfrac{p(1-p)}{n}} \leq p \leq \overline{X}+1.96\sqrt{\dfrac{p(1-p)}{n}} \quad \cdots (3)$$

さて、n が十分大きいときには、母集団比率 p は標本比率 $\overline{X}$ で近似できるので、この (3) の p を $\overline{X}$ に置き換えて、

$$\overline{X}-1.96\sqrt{\dfrac{1}{n}\overline{X}(1-\overline{X})} \leq p \leq \overline{X}+1.96\sqrt{\dfrac{1}{n}\overline{X}(1-\overline{X})}$$

目標の式が得られました。この式 (3) を利用して、母比率 p を推定することができます。

早速いま調べている支持率の例で調べてみましょう。つまり、n に 100、$\overline{X}$ の推定値に (2) の値 0.64 を代入してみます。

$$0.64-1.96\sqrt{\dfrac{1}{100}\times 0.64\times(1-0.64)} \leq p \leq 0.64+1.96\sqrt{\dfrac{1}{100}\times 0.64\times(1-0.64)}$$

計算すると、

$$0.546 \leq p \leq 0.734$$

母比率pは確率0.95でこの区間に入っていることになります。

● 公式としてまとめよう

以上の議論を公式としてまとめましょう。

> 標本の大きさをn、標本比率を$\overline{X}$とするとき、母比率pは次の式で区間推定できます。
>
> 95%の信頼区間：$\overline{X} - 1.96\sqrt{\dfrac{1}{n}\overline{X}(1-\overline{X})} \leq p \leq \overline{X} + 1.96\sqrt{\dfrac{1}{n}\overline{X}(1-\overline{X})}$
>
> 99%の信頼区間：$\overline{X} - 2.58\sqrt{\dfrac{1}{n}\overline{X}(1-\overline{X})} \leq p \leq \overline{X} + 2.58\sqrt{\dfrac{1}{n}\overline{X}(1-\overline{X})}$

● 例題で確かめよう

(問) ある原野にA、B2種類の野ネズミが生息しているという。ランダムに500匹の野ネズミを捕らえたところ、A種が270匹いた。A種の野ネズミはこの原野全体で何%生息していると考えられるか、信頼度95%で推定せよ。

(解) 標本比率の推定値は $\overline{x} = \dfrac{270}{500} = 0.54$

$n=500$を95%の信頼区間の比率の推定の公式に代入すると、

$$0.54 - 1.96\sqrt{\dfrac{1}{500}0.54(1-0.54)} \leq p \leq 0.54 + 1.96\sqrt{\dfrac{1}{500}0.54(1-0.54)}$$

よって、信頼度95%の信頼区間は

$$0.49 \leq p \leq 0.59 \quad \textbf{(答)}$$

5-8 母分散の推定
～正規母集団の分散の推定

ある都市の20歳男子の身長の分散σ^2を推定するために、標本から不偏分散s^2の値を得たとしましょう。このとき、どのようにして母数σ^2を推定すればよいでしょうか。答のキーは「母集団が正規分布に従えば、不偏分散s^2の分布がχ^2（カイ2乗）分布に従う」という不偏分散の性質です。本節では、この性質を利用して母分散σ^2の推定を試みましょう。

● 不偏分散の推定値を得る

いま、ある都市における20歳男子の身長の分散、つまり、母分散σ^2を推定するために、20歳の男子から10人抽出しその身長を調べました。その結果、次のようなデータが得られました。

184.2	176.4	168.0	170.0	159.1
177.7	176.0	165.3	164.6	174.4

（注）このデータは本章§4、5と同一です。

母分散の推定量となる不偏分散s^2の値を求めてみましょう。標本平均の値$\bar{x}$が171.6cmであることを用いて、

$$s^2 = \frac{(184.2-\bar{x})^2+(176.4-\bar{x})^2+\cdots+(174.4-\bar{x})^2}{10-1} = 56.3 \quad \cdots(1)$$

この値から、どのようにして母分散を推定すればよいのでしょうか？

母集団
ある都市の20歳男子の身長
正規分布
分散？

身長 x

不偏分散 $s^2 = 56.3$

不偏分散の分布はχ^2分布

この問題を解決するためのとっておきの定理があります。それが次の定理です。

> 正規母集団から抽出した大きさのnの標本の不偏分散をs^2とするとき、$Z = \dfrac{(n-1)s^2}{\sigma^2}$は自由度$n-1$の$\chi^2$（カイ2乗）分布に従う。

身長の分布は正規分布に従うと仮定できます。したがって、この定理が使えます。

信頼度95％の信頼区間

では、この定理を調べている例に応用してみましょう。標本の大きさ$n = 10$です。したがって、不偏分散s^2は自由度$10 - 1 = 9$のχ^2分布に従います。このχ^2分布における両側5％点は次のようになります。

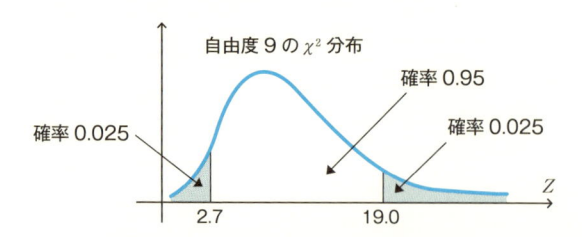

自由度9のχ^2分布
確率 0.95
確率 0.025
確率 0.025
2.7   19.0 Z

（注）χ^2分布のパーセント点はχ^2分布表、またはExcel等の統計解析ソフトから求められます。

すると、確率0.95で次の不等式が成立することになります。

$$2.7 \leqq \dfrac{(10-1)s^2}{\sigma^2} \leqq 19.0$$

式変形して、次の式が得られます。

$$\dfrac{9s^2}{19.0} \leqq \sigma^2 \leqq \dfrac{9s^2}{2.7} \quad \cdots (2)$$

これが、母分散σ^2の推定の原理です。(2)のs^2に(1)の56.3を代入し変形すると、95％の母分散σ^2の信頼区間が得られます。

$$26.6 \leq \sigma^2 \leq 187.7 \quad \cdots (3)$$

公式としてまとめよう

以上の議論を公式としてまとめましょう。

> 正規分布 $N(m, \sigma^2)$ にしたがう母集団から抽出した大きさ n の標本の不偏分散を s^2 とすると、母分散 σ^2 は次の式で推定できる。
>
> $$100(1-p)\% \text{の信頼区間は} \quad \frac{(n-1)s^2}{k_2} \leq \sigma^2 \leq \frac{(n-1)s^2}{k_1} \quad \cdots (3)$$
>
> k_1、k_2 は自由度 $n-1$ の χ^2 分布の $100p\%$ 点である。
>
> 自由度 $n-1$ の χ^2 分布
>
> 確率 $\frac{p}{2}$、確率 $1-p$、確率 $\frac{p}{2}$
>
> (注) k_1、k_2 の値は χ^2 分布表や Excel などの統計処理ソフトウェアで求めることができます。

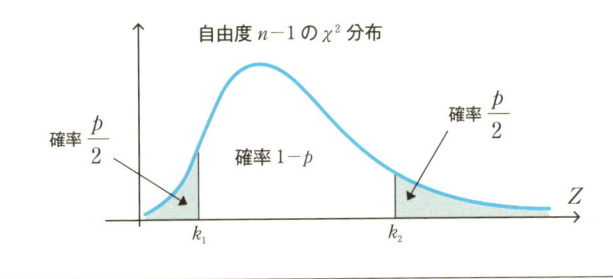

例題で確かめよう

(問) ある都市の20歳男子の身長の分散 σ^2 を推定するためにランダムに20歳の男子から500人抽出し身長 X を調べた。その結果、不偏分散 $s^2 = 56.3$ を得た。このとき、母分散 σ^2 を信頼度95%で区間推定せよ。

(解) 自由度 $n = 499$（$=500-1$）の χ^2 分布における両側5%点は次の図のようになります。

自由度499のχ^2分布

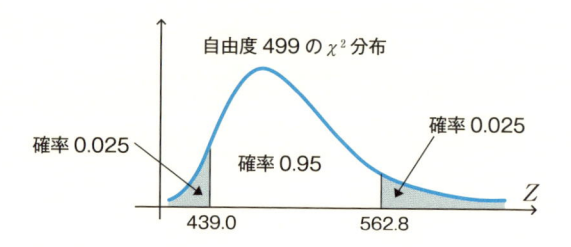

確率0.025　確率0.95　確率0.025

439.0　562.8

公式(3)に $k_1 = 439.0$, $k_2 = 562.8$、$n = 499$、$s^2 = 56.3$ を代入し推定区間を求めると、信頼度95%の信頼区間は(3)より次の式になります。

$$\frac{499 \times 56.3}{562.8} \leq \sigma^2 \leq \frac{499 \times 56.3}{439.0}$$

計算して整理すると求める推定区間は

$49.9 \leq \sigma^2 \leq 64.0$　**(答)**

（注）本文の例では標本の大きさが10であり、同じ分散値に対してそのときの推定区間は(3)から次のようになりました。

$26.6 \leq \sigma^2 \leq 187.7$

標本が大きくなると区間幅が縮まることが、この例題から実感できます。

MEMO　Excelによるχ^2分布のパーセント点の求め方

χ^2分布のパーセント点はExcelのCHIINV関数を利用すると求められます。下図は上の例題での使用例です。

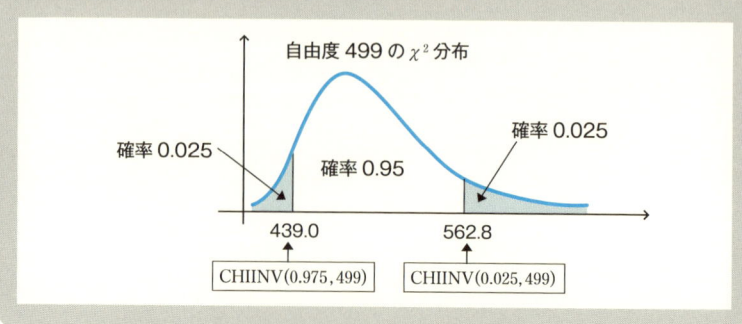

自由度499のχ^2分布

確率0.025　確率0.95　確率0.025

439.0　562.8

CHIINV(0.975, 499)　CHIINV(0.025, 499)

第6章
統計的検定

6-1 統計的検定の考え方
～標本から仮説の真偽を判定するのが検定

統計的検定（以後、検定と略記）は、品質管理や実験結果の有効性の判定など、現代の日本の科学技術を支える理論的なバックボーンとなる理論です。検定は調査や実験を行って集められた標本をもとに、ある仮説が正しいかどうかを統計的に判断する手法です。その判断には

その仮説のもとでは、標本から得られたデータはとうてい得られない

という考え方が利用されます。具体例を調べながら、この考え方を確かめてみましょう。

● 起こりにくい事が起きたら仮説を疑う、が検定の考え方

テレビのニュースで「C党の支持率が10％である」という報道がありました。これを聞いた太郎君は「そんなはずがない」、「きっと間違っている」と思いました。なぜなら、近所にはC党の支持者が多く、10％をはるかに超えると思われたからです。

エー C党はもっと人気があるよ

党名	支持率
A党	52%
B党	30%
C党	10%
D党	6%
E党	2%

ニュース

この「そんなはずがない」「きっと、こうだろう」という発想が検定の考え方なのです。そして、「そんなはずがない」考える仮定を統計的仮説（または、簡単に仮説）といいます。

ところで、「そんなはずがない」ことを証明するには、通常は「こうだ

から間違い」という論理を用います。ところが、支持率調査のような確率現象には「ゆらぎ」が伴います。偶然に「間違い」ということもあるからです。単純に「こうだから間違い」という直線的な論理は使えないのです。そこで、自分で調べて得られたデータが「10％支持」というニュース報道の許容範囲に収まっているかどうかを調べるのです。

棄てたい仮説が帰無仮説、主張したい仮説が対立仮説

　検定では、仮説を疑うようなデータに遭遇したとき、次の2つの仮説を立てます。一つは帰無仮説と言われるものです。仮説を疑うようなデータを得ると、我々はその仮説を「正しくない」と否定したくなります。そういう意味で否定し棄てたくなった仮説が帰無仮説です。つまり、無に帰したい仮説という意味です。残りの一つは、この帰無仮説に対して、正しいと主張したくなった仮説のことで対立仮説と言います。どちらかというと、対立仮説の方が自分の望む仮説になります。

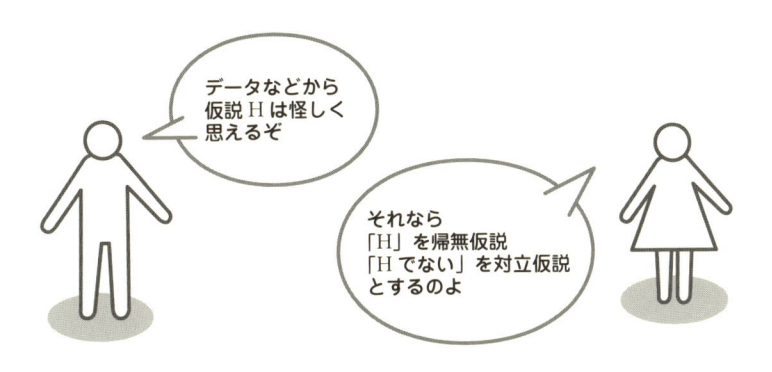

> データなどから仮説Hは怪しく思えるぞ

> それなら「H」を帰無仮説「Hでない」を対立仮説とするのよ

いま調べている支持率の例でいうと、次のようになります。

　　帰無仮説　　H_0：C党の支持率は10％である
　　対立仮説　　H_1：C党の支持率は10％より大きい

（注）多くの文献では、帰無仮説は H_0、対立仮説は H_1 で表します。通常、帰無仮説と対立仮説は否定した関係になります。従って、いまの帰無仮説は「C党の支持率は10％以下」とすべきですが、上記の帰無仮説で支障ありません。検定者は対立仮説 H_1 を望んでいるからです。このことについては本章§2、3で考えます。

6-1 統計的検定の考え方 〜標本から仮説の真偽を判定するのが検定

検定で用いる統計量とその分布を仮定する

検定では、まず、帰無仮説が正しいとして、行動を開始します。

まず、検定の対象となる統計量を設定し、標本調査をします。ここでは、仮に標本として20人を抽出し、6人の支持者があったとしましょう。そして、統計量としては支持者の数Xを採用します。

標本の20人中、6人がC政党の支持者（グレイ）。この標本中の支持者の数を統計量Xとします。

次に、その統計量Xの確率分布を仮定します。いまの場合、帰無仮説が

H_0：C党の支持率は10%である

なので、この分布は2項分布$B(20, 0.1)$です。

統計量Xの分布のグラフを示すと次のようになります。

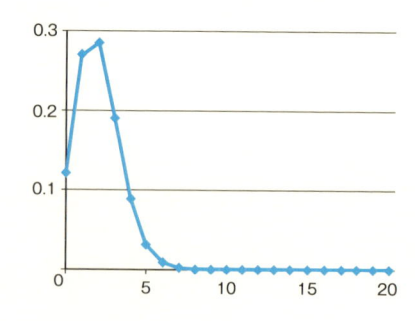

検定する際の判断基準を設定する

ある仮説が正しいかどうかを統計的に判断する検定は

その仮説のもとでは、標本から得られたデータはとうてい得られない

という考え方を利用します。この「とうてい得られない」、すなわち帰無

仮説のもとでは起こりにくいという判断の基準を設定します。それが**有意水準**です。また、**危険率**とも呼ばれます。そして、この有意水準に見合った「起こりにくい」領域を、確率分布上に設定します。それが**棄却域**です。

では、いま調べている政党Cの支持率の例について、有意水準と棄却域を設定してみましょう。有意水準、すなわち帰無仮説のもとでは起こりにくいという判断の基準として0.05（＝5%）を設定しましょう。また、対立仮説「C党の支持率は10％より大きい」を考えて、棄却域は下図のように設定します。

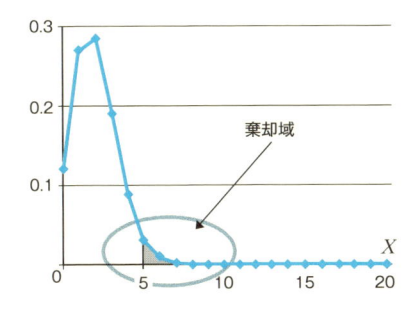

Excelなどで計算すると、X が $X \geq 5$ となる確率は0.043となり、棄却域の条件を満たす。

20人中5人以上の支持が得られる確率は、2項分布 $B(20, 0.1)$ を計算し、0.043となるので、次の不等式が棄却域の式となります。

$$X \geq 5 \quad \cdots (1)$$

（注）ここで、「対立仮説 H_1：C党の支持率は10％より大きい」が生かされています。対立仮説 H_1 を「C党の支持率は10％でない」とするなら、棄却域を両側に取ることになります。

● 検定の実行

帰無仮説と対立仮説を設定し、検定で使われる統計量の分布と棄却域を決めたので、いよいよ検定による結論を得ましょう。

最初に示したように、標本調査の結果、20人中6人がC党支持でした。すなわち、

$X = 6$

これは棄却域(1)に入っています。すなわち、帰無仮説H_0のもとでは起こりにくいという判断領域に入っているのです。したがって、

　　帰無仮説　H_0：C党の支持率は10％である

を**棄却**します。

　　対立仮説　H_1：C党の支持率は10％より大きい

が採用されることになります。

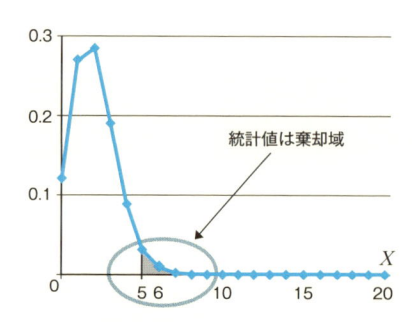

統計値は棄却域

統計値$X = 6$は棄却域に入っている。

こうして、本節の最初に述べた太郎君の直感「支持率10％というニュース報道は誤り」が確認されたことになります。

統計量Xが棄却域に入っているとき、この統計量は有意水準5％で「**有意**である」といいます。帰無仮説を覆すほどの意味があるから、このように呼ばれるわけです。

● 帰無仮説の採択

　　もし、実験や標本を調査し、統計量Xの統計値が棄却域に入らないとします。このとき、帰無仮説のもとで起こりにくいことが起きた、とは考えられません。そこで帰無仮説を棄却できません。このことを帰無仮説を**採択**するといいます。採択するという意味は、この場合、棄てるほどの積極的理由は見いだせなかったということです。積極的に帰無仮説が正しいと認めた訳ではありません。

6-2 片側検定と両側検定
～対立仮説の意を汲んだ棄却域の設定

前節（§1）では、政党支持率の例を用いながら、検定の考え方を調べました。そのとき、棄却域を下図のように右側に取りました。

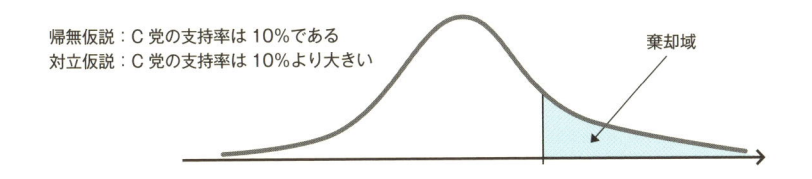

帰無仮説：C党の支持率は10％である
対立仮説：C党の支持率は10％より大きい
棄却域

このように、棄却域を右側に取る検定の仕方を**右側検定**といいます。

対立仮説の取り方によっては、棄却域は両側に、または左側に取ることがあります。そのような検定の仕方を**両側検定**、**左側検定**といいます。右側検定と左側検定は、合わせて**片側検定**といいます。

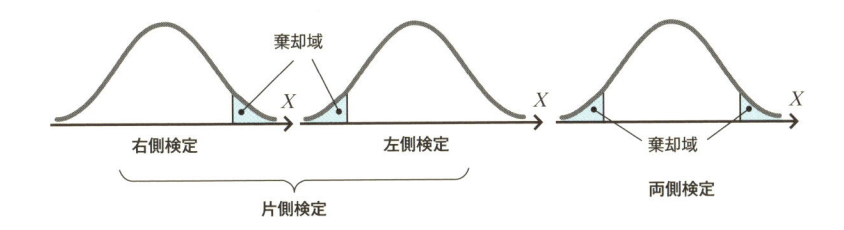

右側検定　左側検定　片側検定　両側検定

本節では、どのような場合に両側検定を用い、どのような場合に片側検定を用いるかを調べてみましょう。

● 帰無仮説が棄却されやすいように棄却域を設定

前節では、身近に多数のC党支持者をもつ太郎君が「C党の支持率は10％である」というニュース報道を受けて疑問を抱き、検定という手法を用いてこの報道の真偽を検定しました。その際、棄却域は右側に取りました。なぜ両側や左側にとらなかったのでしょうか。ここではこの疑問について

調べてみることにしましょう。

　さて、検定の考え方の基本は「ある仮定のもとで起こりにくいことが起きたときに、その仮定を棄てる」ということです。この原理を用いて帰無仮説を棄却し、本音の主張の対立仮説を認めてもらおうとするのが検定の精神です。したがって、対立仮説の意をくみ、帰無仮説が棄却されやすいように棄却域を設定すべきです。

　もう一度、先ほどの例に戻ってみてみましょう。そこでは、対立仮説「C党の支持率は10％より大きい」を主張したいとうことは、「C党の支持率は10％より大きい」という確信があるはずです。この確信のもとでは、標本から得られる支持率は10％より大きいはずです。そこで棄却域は右側に取られました。というのは、この確信のもとでは、そちらの方が帰無仮説が棄却されやすいからです。

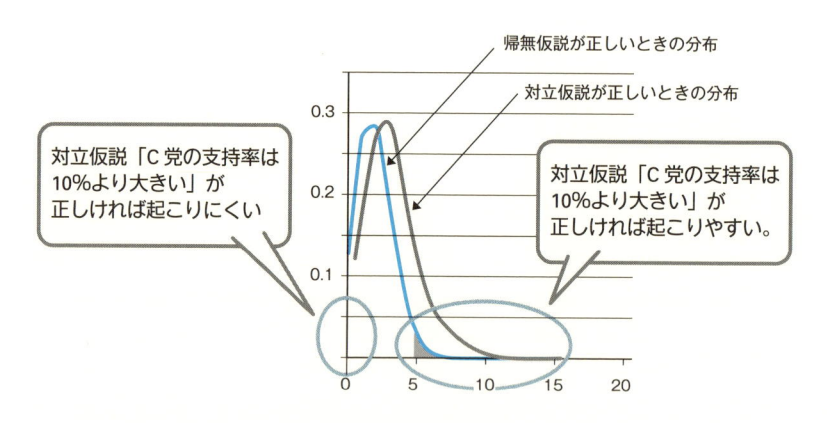

（グラフ：帰無仮説が正しいときの分布／対立仮説が正しいときの分布。対立仮説「C党の支持率は10％より大きい」が正しければ起こりにくい／対立仮説「C党の支持率は10％より大きい」が正しければ起こりやすい。）

　仮に棄却域を左端に設定したなら、対立仮説「C党の支持率は10％より大きい」のもとでは、帰無仮説は棄却されにくくなります。

　もし、対立仮説が「C党の支持率は10％より小さい」であれば、「C党の支持率は10％」という帰無仮説を前提にした確率分布の左側に棄却域を設定すべきです。なぜならば、C党の支持率は10％より小さいと確信しているわけですから、標本調査の結果もそうなる可能性が高いはずです。したがって、右側に設定したら帰無仮説は棄却されにくくなります。

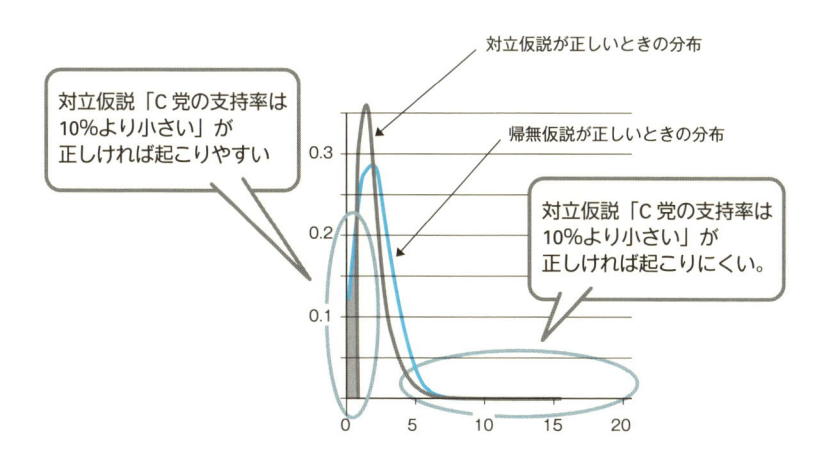

[図: 対立仮説「C党の支持率は10%より小さい」が正しければ起こりやすい／対立仮説が正しいときの分布／帰無仮説が正しいときの分布／対立仮説「C党の支持率は10%より小さい」が正しければ起こりにくい。]

　また、「C党の支持率は10％より大きいか小さいかハッキリしないが10％に等しくない」と思われたとき、対立仮説は「C党の支持率は10％に等しくない」となります。このときは、棄却域を左右に設定すべきです。

右側、左側、両側検定をまとめると

　以上のことを整理してみましょう。

右側検定	対立仮説「考えている統計量がある値λよりも大きい」のときには右側検定を使う。
左側検定	対立仮説「考えている統計量がある値λよりも小さい」のときには左側検定を使う。
両側検定	対立仮説「考えている統計量がある値λに等しくない」のときには両側検定を使う。

6-3 第一種の過誤と第二種の過誤 〜検定に誤りはつきもの

　「この風邪薬は効き目がある」という効能書の入った薬を、太郎君とその友達の一人が服用してみたら、さっぱり効きませんでした。このことから太郎君は「この薬の効能書は正しくない」と主張するでしょう。「効能書が正しければ2人も同時に効かないなんてことは起こりにくい」と考えるからです。しかし、太郎君達はひょっとして例外だったのかも知れません。すると、太郎君の主張は間違いということになります。

　同じこの薬を、花子さんとその友達の一人が服用してみたら実によく効きました。このとき、花子さんは「この薬の効能書は正しい」と主張するでしょう。しかし、実は、友達と少し前に飲んだ生姜ティーが原因で風邪が治ったのかもしれません。この場合、効能書が間違いであるにもかかわらず、それを否定しなかった誤りです。検定でもこれと同じような二種類の判断ミスの可能性があります。

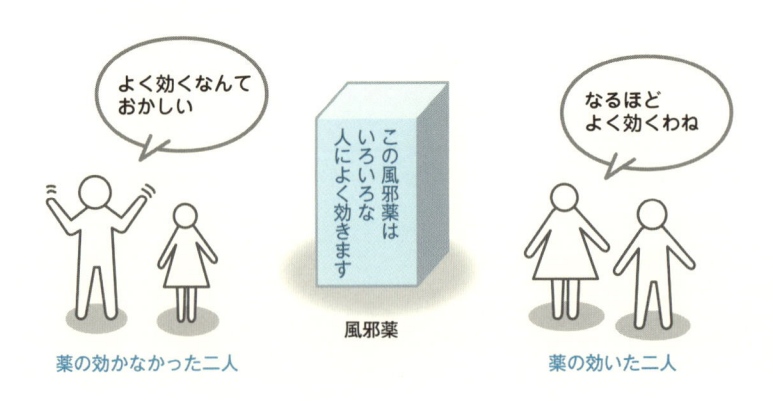

よく効くなんておかしい

この風邪薬はいろいろな人によく効きます

風邪薬

なるほどよく効くわね

薬の効かなかった二人　　　　　　　　　　　薬の効いた二人

● 検定における二つの過誤

　「実験や調査をした結果が、ある仮説 H_0（帰無仮説）のもとでは起こりにくいのであれば、その仮説 H_0 は棄てる」というのが検定の考え方です。しかし、二つの過ちを犯す危険性が潜んでいるのです。

一つは、仮説H_0のもとでは起こりにくいことが現実に起こってしまう場合です。つまり、**仮説H_0（帰無仮説）が正しいにもかかわらずそれを棄ててしまう**、という誤りです。これを**第一種の誤り**（または、**第一種の過誤**）といいます。帰無仮説が棄却されるのは、標本調査の結果が棄却域に入ったときです。棄却域の確率αを**有意水準**と呼びますが（§1）、帰無仮説H_0が正しいときでも、標本調査の結果が棄却域に入ることは確率αで起こります。そこで、第一種の誤りを犯す確率は、棄却域を決める有意水準αと考えられます。

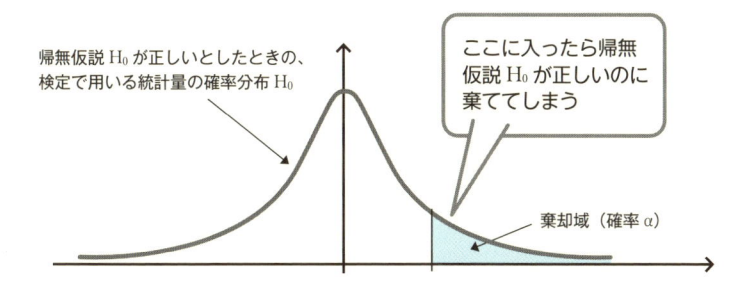

帰無仮説H_0が正しいとしたときの、検定で用いる統計量の確率分布H_0

ここに入ったら帰無仮説H_0が正しいのに棄ててしまう

棄却域（確率α）

　もう一つの過ちは、統計的な仮説H_0が誤りにもかかわらず、実験や調査をした結果、その仮説H_0が採択されてしまう場合に起こります。これを**第二種の誤り**（または、**第二種の過誤**）といいます。

第一種の誤り

正しい仮説

ゴミ箱

棄ててしまった！！

第二種の誤り

間違った仮説

ゴミ箱

棄てそこなった！！

6-3 第一種の過誤と第二種の過誤 〜検定に誤りはつきもの

二つの過誤を減らすように棄却域をきめる

いま、最近の身長のデータを見て、日本人の平均身長は10年前に比べて伸びたと思えたとしましょう。そこで、帰無仮説H_0「日本人の平均身長は10年前と変わらない」を立てて検定してみることにします。このとき対立仮説H_1は「日本人の平均身長は10年前に比べて伸びた」であり、棄却域は右側にとります。なぜならば、「身長が伸びた」が正しければ、標本調査の結果は平均身長が大きめになる確率が高いからです。すなわち、棄却域を右端にとることによって、帰無仮説H_0が棄却されやすくなるのです。すると、帰無仮説H_0が間違っているのに採択される可能性は、当然低くなるはずです。つまり、棄却域を右側にとることによって第二種の過誤を犯す可能性を低くしているのです。

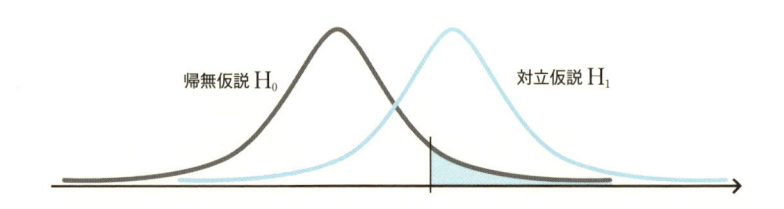

帰無仮説H_0　　対立仮説H_1

それでは、あえて左端にとるとどうなるでしょうか。有意水準そのものは右端にとったときと同じです。しかし、対立仮説H_1が正しければ帰無仮説はあきらかに棄却されにくくなります。

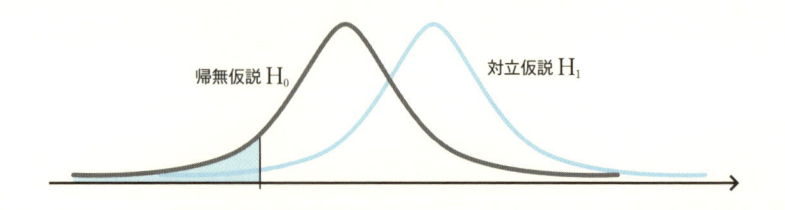

帰無仮説H_0　　対立仮説H_1

ということは、帰無仮説が間違っているのに採択される可能性は高くなってしまいます。つまり、棄却域を左側にとると第二種の過誤を犯す可能性

が高くなってしまいます。

以上のことから、第一種の誤り・第二種の誤りと、有意水準と・棄却域の設定法との関係をまとめてみましょう。

> 棄却域を定める有意水準は、第一種の誤りを犯す確率を指定している。しかし、同じ有意水準に対しても棄却域の取り方はいろいろあるが、第二種の誤りを冒す確率が小さくなるように棄却域を定めねばならない。

第二種の過誤をあえて図示すれば

対立仮説H_1と帰無仮説H_0の二つの仮説を表す分布を図示することは困難です。このことは、例えば次の右側検定の仮説を調べてみれば分かります。

帰無仮説H_0:母平均$\mu = 5$

対立仮説H_1:母平均$\mu > 5$

対立仮説の「$H_1:\mu>5$」は下図が示すように、きちんと図示することはできません。

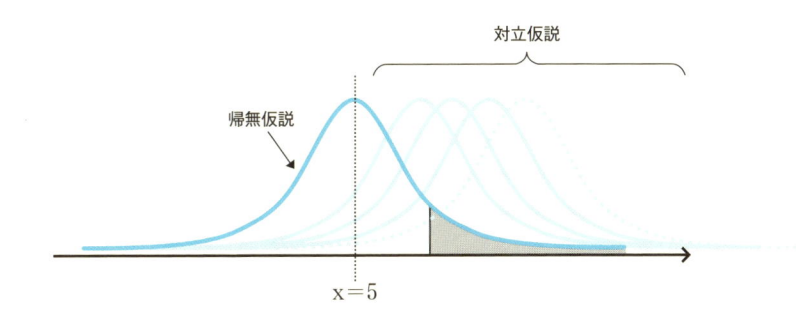

そこで、「$H_1:\mu>5$」を満たす例として、$\mu=6$の場合を考えてみましょう。すなわち、帰無仮説H_0として「母平均$\mu=5$」、対立仮説H_1の例として「母平均$\mu=6$」の場合を考えて、第一種の過誤と第二種の過誤を図示してみることにします。それが次の図です。

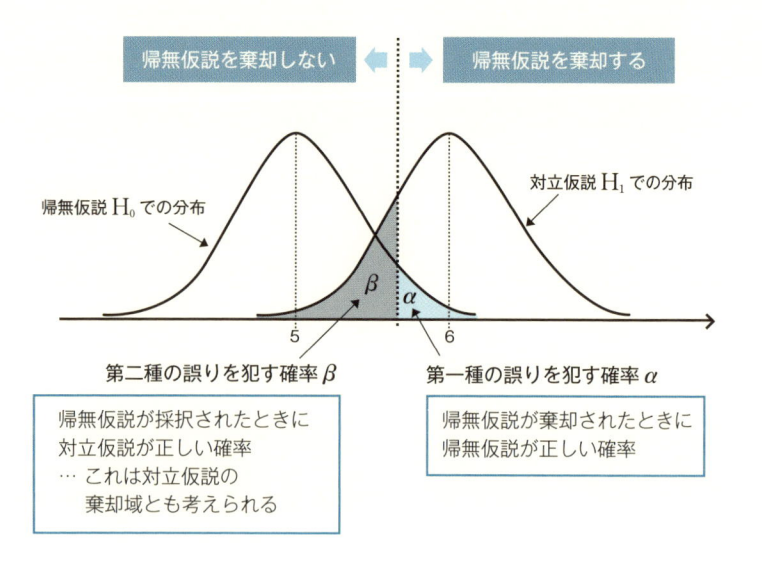

図中：
- 帰無仮説を棄却しない ← | → 帰無仮説を棄却する
- 帰無仮説 H_0 での分布
- 対立仮説 H_1 での分布
- 第二種の誤りを犯す確率 β
  帰無仮説が採択されたときに対立仮説が正しい確率
  … これは対立仮説の棄却域とも考えられる
- 第一種の誤りを犯す確率 α
  帰無仮説が棄却されたときに帰無仮説が正しい確率

● 二つの過誤の確率を具体例で見てみよう

A社の製造したサイコロは1の目が出る確率pが$\frac{1}{6}$より大きいように思えたとします。そこで、次の帰無仮説と対立仮説を設定します。

帰無仮説　$H_0: p = \frac{1}{6}$

対立仮説　$H_1: p > \frac{1}{6}$

この仮説の検定を行うためにサイコロを10回投げて1の目が5回以上出たら有意とし帰無仮説H_0を棄却することにします。

（注）この場合の有意水準は以下に示すように1.5%になります。
　　　例として捉えてください。

この検定において、第一種の誤りは「帰無仮説H_0が成り立っているにもかかわらずH_0を棄却してしまう」ことです。従って、この確率（有意水準）αは独立試行の定理より次のようになります。

$\alpha = $ 5回以上1の目が出る確率

$$= {}_{10}\mathrm{C}_5\left(\frac{1}{6}\right)^5\left(\frac{5}{6}\right)^5 + {}_{10}\mathrm{C}_6\left(\frac{1}{6}\right)^6\left(\frac{5}{6}\right)^4 + \cdots + {}_{10}\mathrm{C}_{10}\left(\frac{1}{6}\right)^{10}\left(\frac{5}{6}\right)^0 = 0.015$$

第二種の誤りは「帰無仮説H_0が誤りなのにこれを採択してしまう」ことです。したがって、この確率βは$p > \frac{1}{6}$のときに「5回以上1の目が出る」の否定の場合（すなわち「5回未満1の目が出る」）確率を求めればよいことになります。

例えば、$p = \frac{1}{2}$のときには、第二種の誤りを犯す確率βは、

$$\beta = {}_{10}\mathrm{C}_0\left(\frac{1}{2}\right)^0\left(\frac{1}{2}\right)^{10} + {}_{10}\mathrm{C}_1\left(\frac{1}{2}\right)^1\left(\frac{1}{2}\right)^9 + \cdots + {}_{10}\mathrm{C}_4\left(\frac{1}{2}\right)^4\left(\frac{1}{2}\right)^6 = 0.38$$

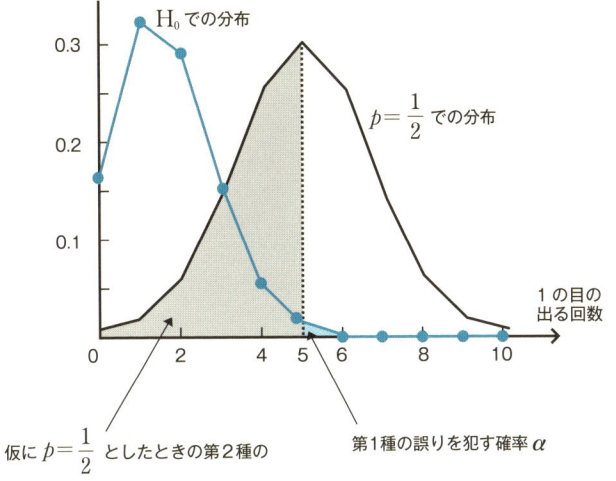

6-3 第一種の過誤と第二種の過誤 〜検定に誤りはつきもの

6-4 検定の手順
～検定の手順は機械的

これまで、検定の仕組みについて調べてきました。いろいろなことに触れたので、検定とは難しい処理のように思われるかも知れません。しかし、実際の手順は簡単であり、味気ないほど機械的・形式的です。

● 検定は機械的

母集団のある特性について主張したい説（対立仮説）を得たときに、それが正しいことを説得するための検定の手順は次のようになります。

（ⅰ）帰無仮説の設定

主張したい説（対立仮説）を否定した帰無仮説を設定する。

（ⅱ）母集団の特性に関する統計量の分布を仮定

帰無仮説を仮定し、検定で用いる統計量Tとその分布を仮定する。

（ⅲ）有意水準と棄却域の設定

（ⅱ）で仮定した分布において有意水準αと棄却域を設定します。ここで、右側検定、左側検定、両側検定の基準は次のようにします。

「帰無仮説：$T = k$」「対立仮説：$T > k$」　…右側検定

「帰無仮説：$T = k$」「対立仮説：$T < k$」　…左側検定

「帰無仮説：$T = k$」「対立仮説：$T \neq k$」　…両側検定

ただし、Tは考えている統計量、kは定数とします。

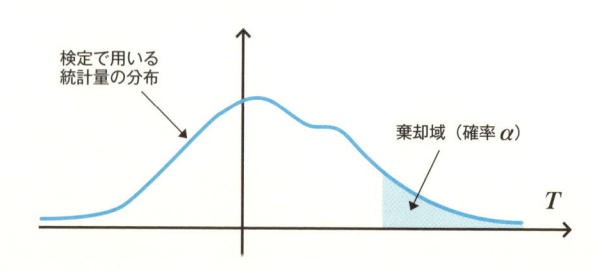

(ⅳ) 標本を抽出し、統計量 T の値が棄却域にあるかをチェック

標本を抽出し、統計量 T の値を計算する。その値が棄却域に入れば帰無仮説を棄却し、棄却域に入らなければ帰無仮説を採択する。

(注) 帰無仮説を棄却しないときは、帰無仮説を採択(または、受容)するといいます。ただ注意すべきことは、帰無仮説を積極的に正しいと認めるのではなく、資料からは棄てられない、という意味を表します(本章§1)。

実例で調べてみよう

例を調べてみましょう。いま1枚のコインを10回投げ、表が9回出たとします。そこで、「このコインの表裏の出方には偏りがある」と感じたとしましょう。この予想を検定で確かめてみます。このとき、「コインの表裏の出方に偏りがある」と考えるので、両側検定を実行します。

(ⅰ) 帰無仮説、対立仮説は次のようになります。

帰無仮説 H_0:「コインの表裏の出方は同等」を立てます。

対立仮説 H_1:「コインの表裏の出方に偏りがある」です。

> **MEMO** 二項分布 $B\left(10, \dfrac{1}{2}\right)$ の有意水準5%の棄却域
>
> Excelなどの統計処理ソフトウェアを利用すれば、$B\left(10, \dfrac{1}{2}\right)$ の分布表が右のように得られます。両側検定で、有意水準5%の場合、片側2.5%の範囲が棄却域になります。このことと、右の表から、棄却域に入る統計量 T の値は
>
> $T = 0、1、9、10$
>
> | T | 確率 | 累積分布 |
> |---|---|---|
> | 0 | 0.0010 | 0.0010 |
> | 1 | 0.0098 | 0.0107 |
> | 2 | 0.0439 | 0.0547 |
> | 3 | 0.1172 | 0.1719 |
> | 4 | 0.2051 | 0.3770 |
> | 5 | 0.2461 | 0.6230 |
> | 6 | 0.2051 | 0.8281 |
> | 7 | 0.1172 | 0.9453 |
> | 8 | 0.0439 | 0.9893 |
> | 9 | 0.0098 | 0.9990 |
> | 10 | 0.0010 | 1.0000 |

（ⅱ）帰無仮説のもとで、コインを10回投げたときの表の出る回数 T は二項分布 $B\left(10, \dfrac{1}{2}\right)$ に従います。

（ⅲ）有意水準を5%と設定し、両側検定します。

　　棄却域は二項分布 $B\left(10, \dfrac{1}{2}\right)$ の性質から次のようになります。

　　棄却域：$T \leqq 1$ または $9 \leqq T$

（注）この T の範囲は前のページの＜MEMO＞を利用しています。

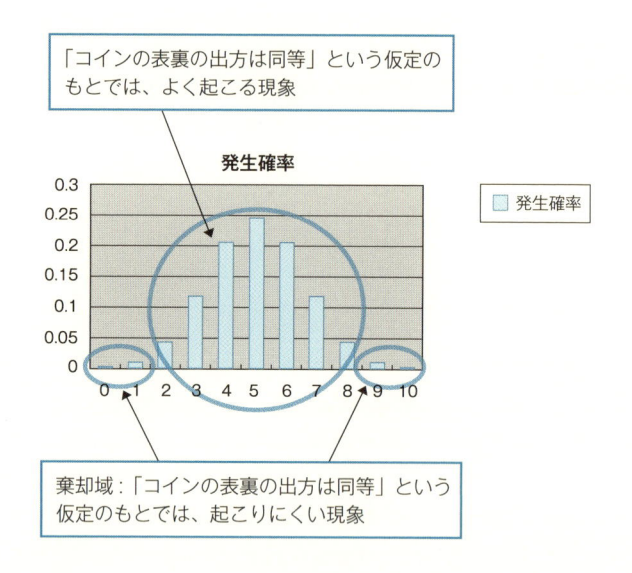

「コインの表裏の出方は同等」という仮定のもとでは、よく起こる現象

棄却域：「コインの表裏の出方は同等」という仮定のもとでは、起こりにくい現象

（ⅳ）標本を抽出します。いま、実際に10回コインを投げ9回表が出たとしましょう。これは（ⅲ）で設定した棄却域に入ります。したがって、有意水準5%で帰無仮説「コインの表裏の出方は同等」は棄却されることになります。

6-5 母平均の検定 〜平均が変化したと思えたら

　10年前の小学校3年生生の身長 X は平均が143.5cm、標準偏差が7.8cmの正規分布に従っていました。しかし、最近の食生活の変化や環境汚染のため、子供の成長に変化が起きたと思われます。そこで、10年前と比べて変化したかどうかを調べるために、大きさ10の標本を抽出し平均身長 $\overline{X}$ を求めてみました。その結果、$\overline{X}$ の値が149.2cmを得たとしましょう。このことから、分散は変わらないとして子供の成長に変化か起きたかどうかを検定してみましょう。

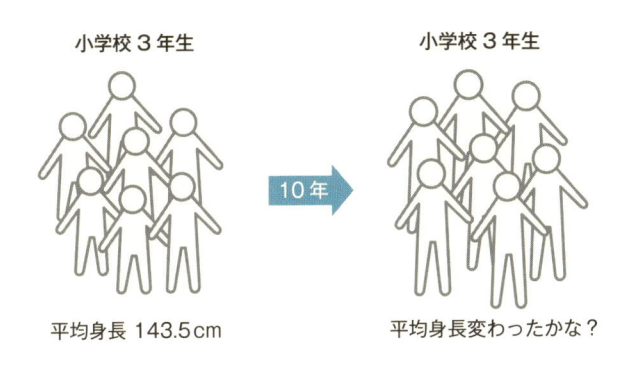

小学校3年生　→10年→　小学校3年生
平均身長 143.5cm　　　平均身長変わったかな？

● 検定の手順に従って処理を進める

　前節（§4）で調べた検定の手順に従って、身長の変化を例に母平均の変化の検定作業を進めてみましょう。

（ⅰ）**帰無仮説を設定**

　全国の小学校3年生の平均身長に変化があると予想したので、帰無仮説は「小学校3年生の平均身長は変化しない」、すなわち、「平均身長は143.5cmである」とします。対立仮説は「小学校3年生の平均身長は変化した」となります。

（ⅱ）**帰無仮説のもとでの標本の平均身長が従う分布を仮定**

　身長 X の分布は正規分布で近似されることが知られています。その正

規母集団から得られた大きさ10の標本の平均 $\overline{X}$ の分布は、5章4節の話から、$N\left(143.5, \dfrac{7.8^2}{10}\right)$ となります（4章§5）。

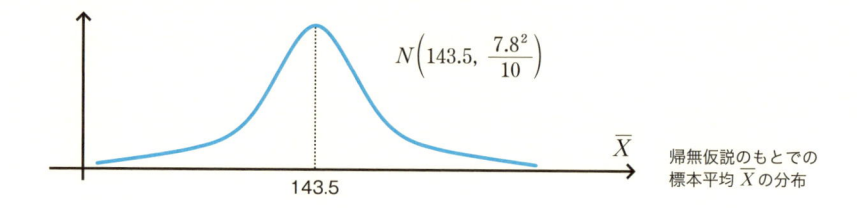

帰無仮説のもとでの標本平均 $\overline{X}$ の分布

（ⅲ）**有意水準と棄却域を設定**

有意水準（危険率）として5%を用いましょう。帰無仮説と対立仮説から、この問題の場合には両側検定が利用されます。このとき、正規分布 $N\left(143.5, \dfrac{7.8^2}{10}\right)$ に従う $\overline{X}$ の5%の棄却域は

$$\overline{X} \leq 143.5 - 1.96 \times \sqrt{\dfrac{7.8^2}{10}}、\quad 143.5 + 1.96 \times \sqrt{\dfrac{7.8^2}{10}} \leq \overline{X} \quad \cdots (1)$$

計算すると、

$$\overline{X} \leq 138.6、\quad 148.4 \leq \overline{X}$$

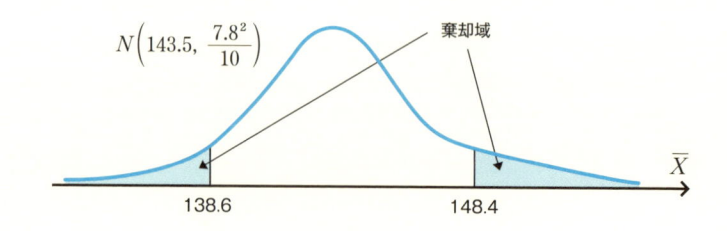

（ⅳ）**標本平均 $\overline{X}$ の値が棄却域にあるかチェック**

最初に述べたように、全国の小学3年生から10人を抽出し、身長 X を測定して得た標本平均 $\overline{X}$ の値が149.2でした。この値は（ⅲ）で調べた棄却域に入っています。したがって、帰無仮説「小学校3年生の平均身長は変化しない」は有意水準5%で棄却されることになります。

$N\left(143.5, \dfrac{7.8^2}{10}\right)$ 棄却域

138.6　148.4　149.2　$\overline{X}$

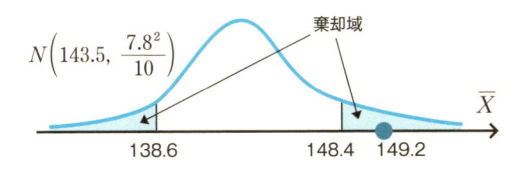

　こうして、10人のデータから「小学校3年生の平均身長は変化しない」という帰無仮説が棄却され、小学校3年生の平均身長は変化したと結論付けられるのです。

例題で確かめよう

> **(問)** A社製造の電球の平均寿命は従来1500時間、分散が150^2であったが、A社では品質を改善した結果、平均寿命が長くなったと主張している。そこで、新製品100個を無作為に抽出して検査したところ、その平均寿命は1520時間であった。A社の主張は信用してよいか、分散は変わらないと仮定して危険率5％で検定せよ。

(解) 寿命が長くなったと主張しているので危険率5％の右側検定を行います。帰無仮説は「電球の平均寿命は1500時間」です。このもとでは、製品100個の標本の標本平均$\overline{X}$は平均が1500、分散が$\dfrac{150^2}{100}$の正規分布に従います。危険率5％の右側検定の5％点は今までの考え方により、

$$1500 + 1.65\dfrac{150}{\sqrt{100}} = 1500 + 24.75 = 1524.75$$

(注)（1）式の係数1.96（両側5％点を示す点）を1.65（右側5％を示す点）に変更しています。

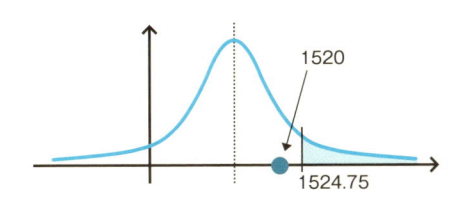

1520
1524.75

　よって、標本平均の推定値1520は棄却域に入らないので、帰無仮説は棄却されません。つまり、A社の主張は認められないことになります **(答)**

6-6 母比率の検定 ～比率が変化したと思えたら

　2008年の厚生労働省の調査では、日本のタバコの喫煙率は男女合わせて21.6％（男女別では男が36.8％女が9.1％）でした。それより5年前の2003年の調査に比べて大きく下がっているといいます。

| 非喫煙者 78.4％ | 喫煙者 21.6％ |

　しかし、街中を歩いていると、若者の間で喫煙者が増えているように思えます。すなわち、喫煙率は21.6％より高そうです。そこで、日本全国から100人を抽出し、喫煙率を調べたところ、25人が喫煙者でした。このデータをもとに、現在の喫煙率が21.6％より高いことを主張してみましょう。

● 検定の手順に従って処理を進める

　前節（§4）で調べた検定の手順に従って、喫煙率の変化を例に母比率の変化の検定作業を進めてみましょう。

（ⅰ）**帰無仮説を設定**

　「喫煙率は21.6％より高そう」と考えているので、帰無仮説と対立仮説はそれぞれ次のようになります。喫煙率を p として、

　　帰無仮説　$H_0 : p = 0.216$
　　対立仮説　$H_1 : p > 0.216$

（ⅱ）**帰無仮説のもとでの喫煙率が従う分布を確認**

　母比率 p の母集団から抽出した大きさ n の標本の標本比率 $\overline{X}$ の分布は、平均が p、分散 $\dfrac{p(1-p)}{n}$ の正規分布 $N\left(p, \dfrac{p(1-p)}{n}\right)$ で近似できます（第5章§7の考え方より）。

帰無仮説より $p = 0.216$ であり、抽出した人数 n は100人で大きい数なので、いま調べたい標本比率 $\overline{X}$ の分布は近似的に次の正規分布になります。

$$N\left(0.216, \frac{0.216(1-0.216)}{100}\right)、すなわち N(0.216, 0.00169)$$

(ⅲ) 有意水準と棄却域を設定

ここでは有意水準を5%と設定しましょう。対立仮説から検定は右側検定になり、(ⅱ) で調べた正規分布から棄却域は下図になります。

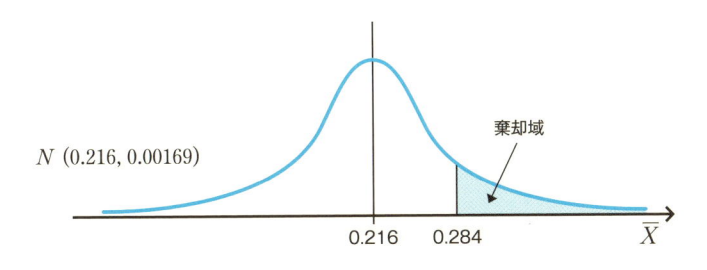

(注) 右側5%点は $0.216 + 1.65\sqrt{\frac{0.216(1-0.216)}{100}} = 0.284$ として計算できます。

(ⅳ) 標本平均 $\overline{X}$ の値が棄却域にあるかチェック

日本全国から100人抽出し、喫煙者が25人だったので、標本比率 $\overline{X}$ は

$$\overline{X} = 0.25$$

これは棄却域に入っていません。

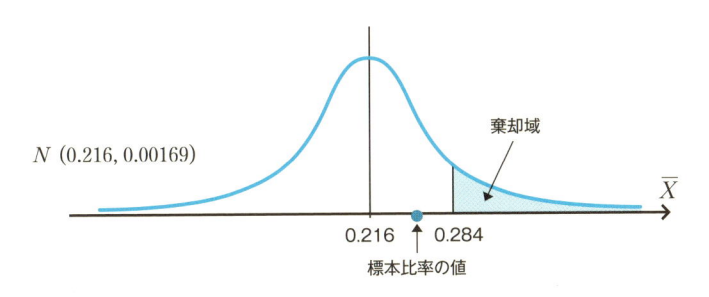

以上のことから、仮説「喫煙率は変わらない」を棄却することはできません。2008年の厚生労働省の調査は信頼できそうです。

6-6 母比率の検定 ～比率が変化したと思えたら

例題で確かめよう

(問) 市場調査を専門とする会社で、アンケート調査のために茶封筒に用紙を入れて1000通のアンケート用紙を送ったところ返信率は20％であった。封筒の色を変えれば返信率が上がると考え、実験的に封筒の色をピンクに変えて同じアンケート用紙を1000通送った。すると、21％通の返信があった。色の変更の対策は有効であるといえるか危険率5％で検定せよ。

(解) 母比率pとすると、帰無仮説、対立仮説は

帰無仮説　$H_0 : p = 0.2$

対立仮説　$H_1 : p > 0.2$

このとき、標本比率$\overline{X}$は正規分布 $N(0.2, \dfrac{0.2(1-0.2)}{1000})$ に従います（本節（ii））。このとき、この分布の右側5%点は

$$0.20 + 1.65\sqrt{\dfrac{0.2(1-0.2)}{1000}} = 0.22$$

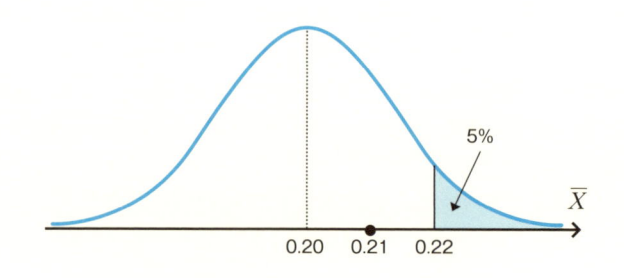

したがって、標本比率0.21は棄却域に入りません。帰無仮説は棄却できないのです。封筒の色をピンクに変えたことは有効とは考えられないわけです**(答)**

6-7 母平均の差の検定
～二つの母平均に違いがあると思えたら

狭い都会暮らしの子供と、自然の豊かな農村育ちの子供では、身長に差があると思われます。そこで、都市の小学校で新入生120人についての身長を調べたら平均が114.5cm、不偏分散が5.1^2cm²でした。また、農村の小学校で新入生100人についての身長を調べたら平均が112.8cm、不偏分散が5.0^2cm²でした。以上のことから都市と農村の小学生の平均身長に差があるかどうか調べてみましょう。

都市の小学生 120人
平均身長　114.5cm
標準偏差　　5.1cm

農村の小学生 100人
平均身長　112.8cm
標準偏差　　5.0cm

● 検定の手順に従って処理を進める

前節（§4）で調べた検定の手順に従って、母平均の差の検定作業を進めてみましょう。

（ⅰ）**帰無仮説を設定**

都市と農村の小学生の平均身長には差があると考えているので、帰無仮説と対立仮説はそれぞれ次のようになります。

　　帰無仮説　H_0：都市と農村の小学生の平均身長は同じである。
　　対立仮説　H_1：都市と農村の小学生の平均身長は同じではない。

（ⅱ）**帰無仮説のもとで身長が従う分布を確認**

帰無仮説のもとで、身長平均の差の分布がどうなるかを調べてみます。このとき、次の定理を利用します。

母平均の等しい二つの母集団A、Bから大きさn_A、n_Bの標本を抽出し、標本平均を$\overline{X}_A$、$\overline{X}_B$、不偏分散をs_A^2、s_B^2とすると、次の量Zは近似的に標準正規分布$N(0, 1^2)$に従う。ただし、n_A, n_Bは共に十分大きいとする。

$$Z = \frac{\overline{X}_A - \overline{X}_B}{\sqrt{\dfrac{s_A^2}{n_A} + \dfrac{s_B^2}{n_B}}} \quad \cdots(1)$$

標本の平均身長の差を変換して得られた変数Zが標準正規分布に従うのです。

(ⅲ) 有意水準と棄却域を設定

ここでは有意水準を5%と設定しましょう。対立仮説から検定は両側検定になります。棄却域は、上の定理の変数Zが標準正規分布に従うので、下図のようになります。

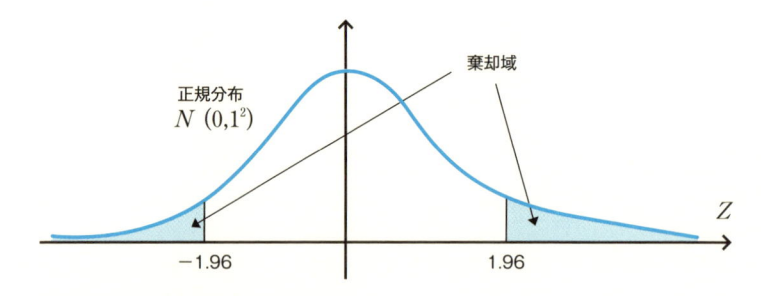

(注) 標準正規分布の両側5%点は1.96。

(ⅳ) 確率変数Zの値が棄却域にあるかチェック

標本から得られたデータから、確率変数Zの値を求めます。いま調べている都市と農村の身長の場合、上の定理のAとしては都市を、Bとしては農村を充てることにします。すると、

$n_A = 120$、$n_B = 100$、$\overline{x}_A = 114.5$、$\overline{x}_B = 112.8$、$s_A^2 = 5.1^2$、$s_B^2 = 5.0^2$

よって、Zの推定値zは次のようになります。

$$z = \frac{\overline{x}_A - \overline{x}_B}{\sqrt{\dfrac{s_A^2}{n_A} + \dfrac{s_B^2}{n_B}}} = \frac{114.5 - 112.8}{\sqrt{\dfrac{5.1^2}{120} + \dfrac{5.0^2}{100}}} = 2.49$$

下図より、この値は（ⅲ）で調べた棄却域に入ります。帰無仮説「都市と農村の小学生の平均身長は同じである」は棄却されることになるのです。

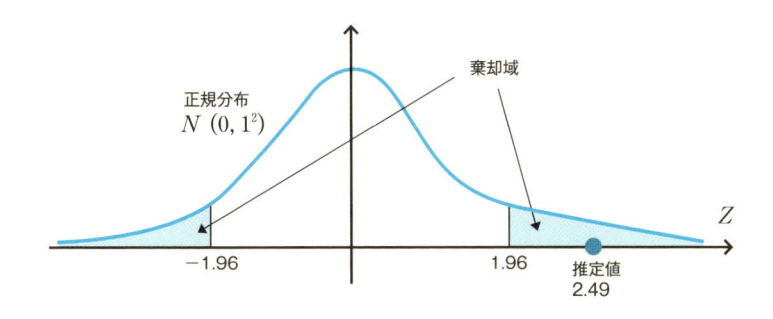

正規分布 $N(0, 1^2)$
棄却域
-1.96　1.96　推定値 2.49

以上から、都市と農村の小学生の平均身長には有意な差があることが検定されました。

例題で確かめよう

> **(問)** 学生数の多いマンモス大学で男子から50人、女子から40人をランダムに抽出してあるテストを実施しました。その結果、男子学生の平均点は61点、不偏分散は9.0^2でした。また、女子学生の平均点は63点、不偏分散は8.0^2でした。このテストの平均点に関して男女差があるか危険率5%で両側検定しなさい。

(解) 上記公式(1)より

$$z = \frac{61 - 63}{\sqrt{\dfrac{9.0^2}{50} + \dfrac{8.0^2}{40}}} = -1.11$$

この値は標準正規分布の両側5%の棄却域（上の図）に入りません。よって平均点に関する男女差は認められませんでした。**(答)**

6-8 母比率の差の検定
～二つの母比率に違いがあると思えたら

　日本全体でメタボリック症候群と診断される男性の全体に対する割合は地域による差があると思われます。そこで、東京に住むメタボリック症候群の人から50人をランダムに選び男性の割合を調べると0.85でした。同様にして北海道の人から70人抽出して男性の割合を調べると0.81でした。東京と北海道のメタボリック症候群における男性の割合は異なるといえるでしょうか。検定で調べてみることにしましょう。

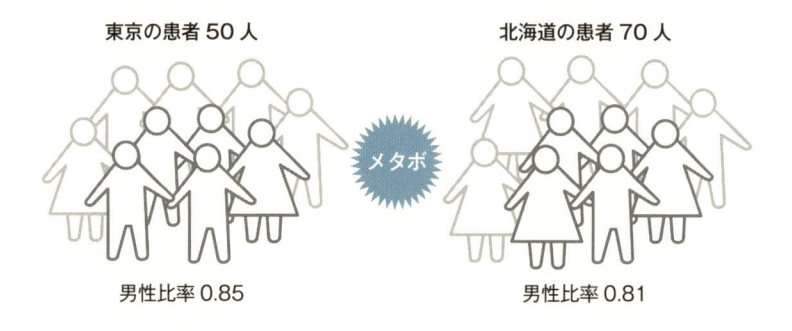

東京の患者50人　　　　　　　　**北海道の患者70人**

メタボ

男性比率 0.85　　　　　　　　　　男性比率 0.81

● 検定の手順に従って処理を進める

　前節（§4）で調べた検定の手順に従って、母比率の差の検定作業を進めてみましょう。

（ⅰ）**帰無仮説を設定する**

　メタボリック症候群の男性は地域による差があると考えているので、帰無仮説と対立仮説はそれぞれ次のようになります。

　　帰無仮説H_0：東京と北海道のメタボリック症候群の男性の割合は同じ。
　　対立仮説H_1：東京と北海道のメタボリック症候群の男性の割合は異なる。

（ⅱ）**帰無仮説のもとでの男性の割合が従う分布を調べる**

　帰無仮説のもとでその分布がどうなるかを調べてみます。このとき、次の定理を使います。

母比率の等しい二つの母集団A、Bからそれぞれ大きさn_A、n_Bの標本を採り各々の標本比率をp_A、p_Bとする。すると、大きさn_A、n_Bが十分大きいとき、

$$Z = \frac{p_A - p_B}{\sqrt{\bar{p}(1-\bar{p})(\frac{1}{n_A} + \frac{1}{n_B})}} \quad \cdots (1)$$

は標準正規分布$N(0, 1^2)$に従う。ただし、$\bar{p} = \dfrac{n_A p_A + n_B p_B}{n_A + n_B}$

(iii) 有意水準と棄却域を設定する

ここでは有意水準を5%と設定しましょう。対立仮説から検定は両側検定になります。棄却域は、上の定理(1)の変数Zが正規分布なので、下図のようになります。

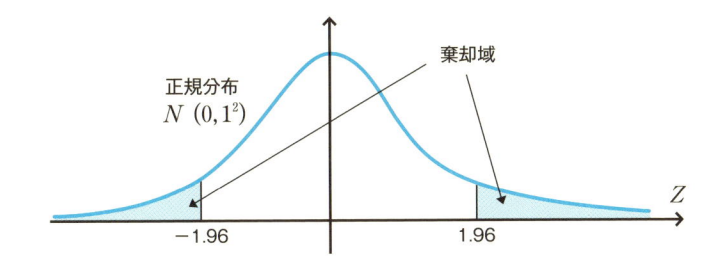

（注）標準正規分布の両側5%点は1.96。

(iv) 確率変数Zの値が棄却域にあるかチェック

標本から得られたデータから、確率変数Zの値を求めます。上の定理のAとしては東京を、Bとしては北海道を充てることにします。すると、

$n_A = 50$、$n_B = 70$、$p_A = 0.85$、$p_B = 0.81$

$$\bar{p} = \frac{n_A p_A + n_B p_B}{n_A + n_B} = \frac{50 \times 0.85 + 70 \times 0.81}{50 + 70} = 0.83$$

よって、Zの推定値zは次のようになります。

$$z = \frac{0.85 - 0.81}{\sqrt{0.83(1-0.83)(\frac{1}{50} + \frac{1}{70})}} = 0.57$$

6-8 母比率の差の検定 ～二つの母比率に違いがあると思えたら

この値は（ⅲ）で調べた棄却域には入っていません。帰無仮説は棄却できないのです。

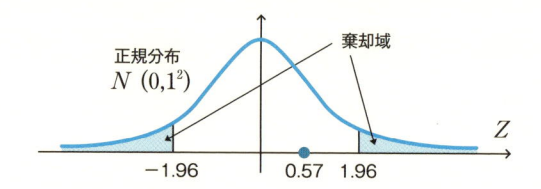

正規分布 $N(0, 1^2)$　棄却域

-1.96　0.57　1.96　Z

以上から、仮説「東京と北海道のメタボリック症候群の男性の割合は同じ」は棄却されません。0.85と0.81の差は有意ではないのです。

例題で確かめよう

> **(問)** 女性と男性の近視の割合を調査したら女性は352人中71人が、男性は380人中69人が近視でした。この資料をもとに、女性は男性よりも近視になりやすいと判断して良いかを危険率5％で片側検定しなさい。

(解) 女性の近視率 $p_A = \dfrac{71}{352} = 0.20$、男性の近視率 $p_B = \dfrac{69}{380} = 0.18$ を先の公式(1)に代入すると、

$$\bar{p} = \frac{352 \times 0.20 + 380 \times 0.18}{352 + 380} = 0.19$$

$$z = \frac{0.20 - 0.18}{\sqrt{0.19(1 - 0.19)\left(\dfrac{1}{352} + \dfrac{1}{380}\right)}} = 0.69$$

危険率5％の右側5％点は1.65なので、この値 z は棄却域に入りません。したがって、女性は男性よりも近視になりやすいと判断することはできません **(答)**

6-9 母分散の比の検定
～二つの母分散に違いがあると思えたら

　ある工場の二つのラインA、Bで生産されているペットボトル500ml飲料水の内容量のバラツキの違いが気になりました。そこでAラインで作られている製品を100本抽出して不偏分散を調べたところ1.4でした。また、Bラインで作られている製品を110本抽出して不偏分散を調べたら1.3でした。そこで、これらの不偏分散をもとに、二つのラインで生産されている製品の分散が等しいかどうかを検証してみたいと思います。

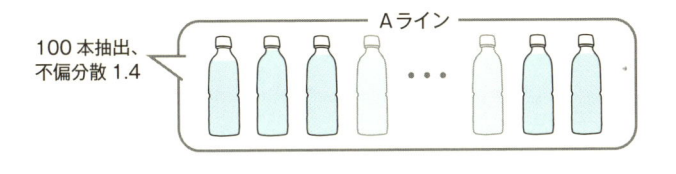

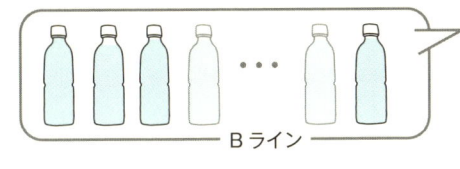

Aライン　100本抽出、不偏分散1.4

Bライン　110本抽出、不偏分散1.3

二つのラインA、Bで生産されたペットボトルの容量の分散の違いを検定。

◉ 検定の手順に従って処理を進める

　前節（§4）で調べた検定の手順に従って、二つの母分散の比の検定作業を進めてみましょう。

（ⅰ）**帰無仮説を設定する**

　二つのラインA、Bで生産されているペットボトルの内容量のバラツキ、すなわち分散に違いがあると考えています。したがって、帰無仮説と対立仮説はそれぞれ次のようになります。

　　　帰無仮説H_0：二つのラインA、Bで生産されているペットボトルの
　　　　　　　　　　内容量の分散は同じである。
　　　対立仮説H_1：二つのラインA、Bで生産されているペットボトルの
　　　　　　　　　　内容量の分散は異なる。

(ⅱ) **帰無仮説のもとで統計量の従う分布を調べる**

帰無仮説H_0のもとで分散の従う分布を調べます。このとき、利用されるのが次の定理です。

> 母分散の等しい二つの正規母集団A、Bから大きさ、n_A、n_Bの標本を抽出し、不偏分散をs_A^2、s_B^2とすると、これらの不偏分散の比
>
> $$F = \frac{s_A^2}{s_B^2} \quad \cdots (1)$$
>
> は近似的に自由度n_A-1, n_B-1のF分布に従う。

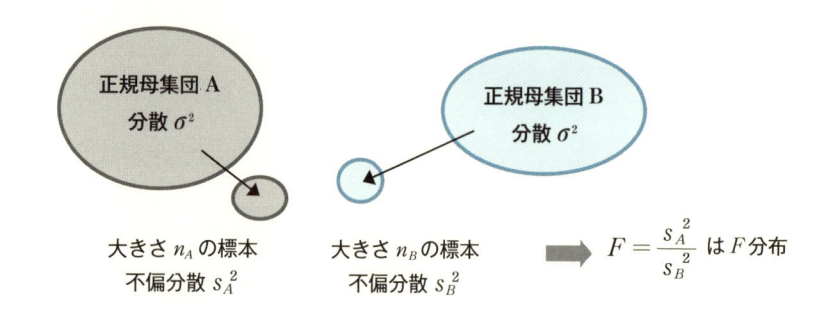

大きさn_Aの標本 不偏分散s_A^2

大きさn_Bの標本 不偏分散s_B^2

$F = \dfrac{s_A^2}{s_B^2}$ はF分布

(ⅲ) **有意水準と棄却域を設定する**

有意水準を5%と設定しましょう。対立仮説から検定は両側検定になります。棄却域は、式(1)の変数Fが自由度$100-1$, $110-1$の(すなわち自由度99, 109の)F分布に従うので、棄却域は下図のようになります。

(注)棄却域のパーセント点はF分布表やExcel等の統計処理ソフトで得られます(3章§8)。

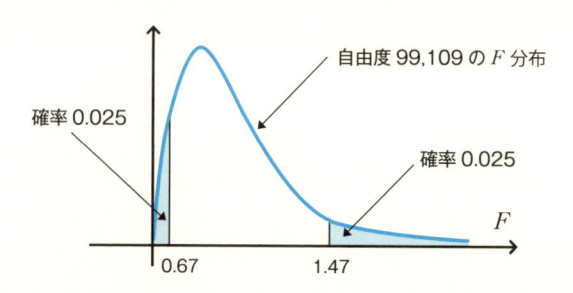

自由度99, 109のF分布

確率0.025

確率0.025

0.67　　1.47

（ⅳ） **変数 F の値が棄却域にあるかをチェック**

標本から得られたデータから、確率変数 F の値を求めます。上の定理のAとしてラインAを、BとしてはラインBを充てることにします。すると、

$n_A = 100$、$n_B = 110$、$s_A^2 = 1.4$、$s_B^2 = 1.3$

$$F = \frac{s_A^2}{s_B^2} = \frac{1.4}{1.3} = 1.08$$

F 値は1.08ですから棄却域には入りません。同一分散という仮定の下で、異常な現象ではなかったのです。従って帰無仮説は棄却できません。

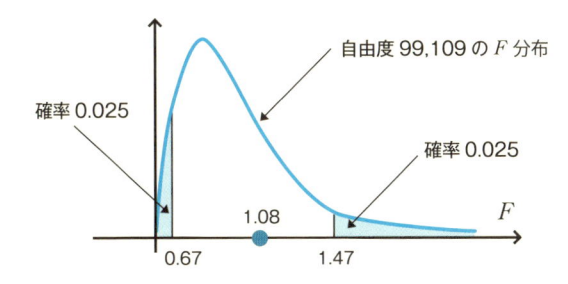

以上のことから、ラインAとラインBの生産する製品容量の分散に違いがあるとは認められないことがわかりました。

例題で確かめよう

> **（問）** 海域Aでサンプリングされたサンマの長さ（単位はcm）は32、28、31、39、29であった。海域Bでのサンマの長さは31、37、32、34、35、33であった。それぞれの海域に生息しているサンマの長さについて、その分散が等しいことを危険率5％で両側検定しなさい。

（解） 海域A、海域Bで得た標本の不偏分散をそれぞれ s_A^2、s_B^2 とすると $F = \dfrac{s_A^2}{s_B^2}$ は自由度4,5の F 分布に従います。この分布における両側5％点は左側が0.107、右側が7.388です。

また、与えられたデータから $s_A^2 = 18.70$、$s_B^2 = 4.67$ より、F の推定値は

$$F = \frac{s_A^2}{s_B^2} = \frac{18.70}{4.67} = 4.00$$

この値は上に示した棄却域に入っていません。

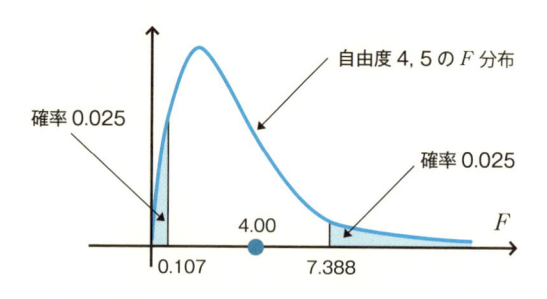

「海域 A、海域 B でのサンマの長さの分散は等しい」という仮説は棄却されません。海域 A、海域 B での秋刀魚の大きさにバラツキの違いは無いようです **(答)**

MEMO　F 分布の 5% 点を Excel で求める

3章§8でも調べたように、Excel を用いると簡単に F 分布のパーセント点が得られます。ここで調べたパーセント点は次のようにして得られます。

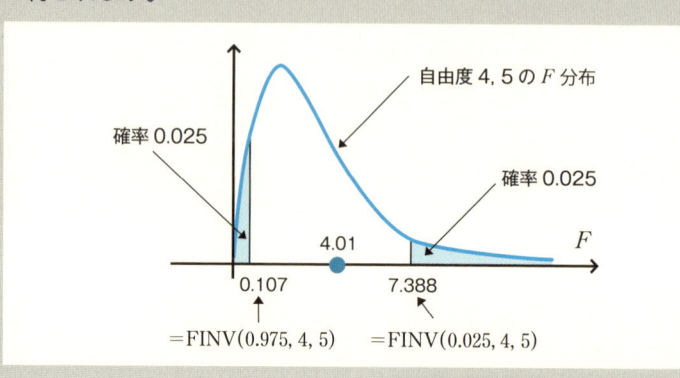

=FINV(0.975, 4, 5)　　=FINV(0.025, 4, 5)

第7章 回帰分析

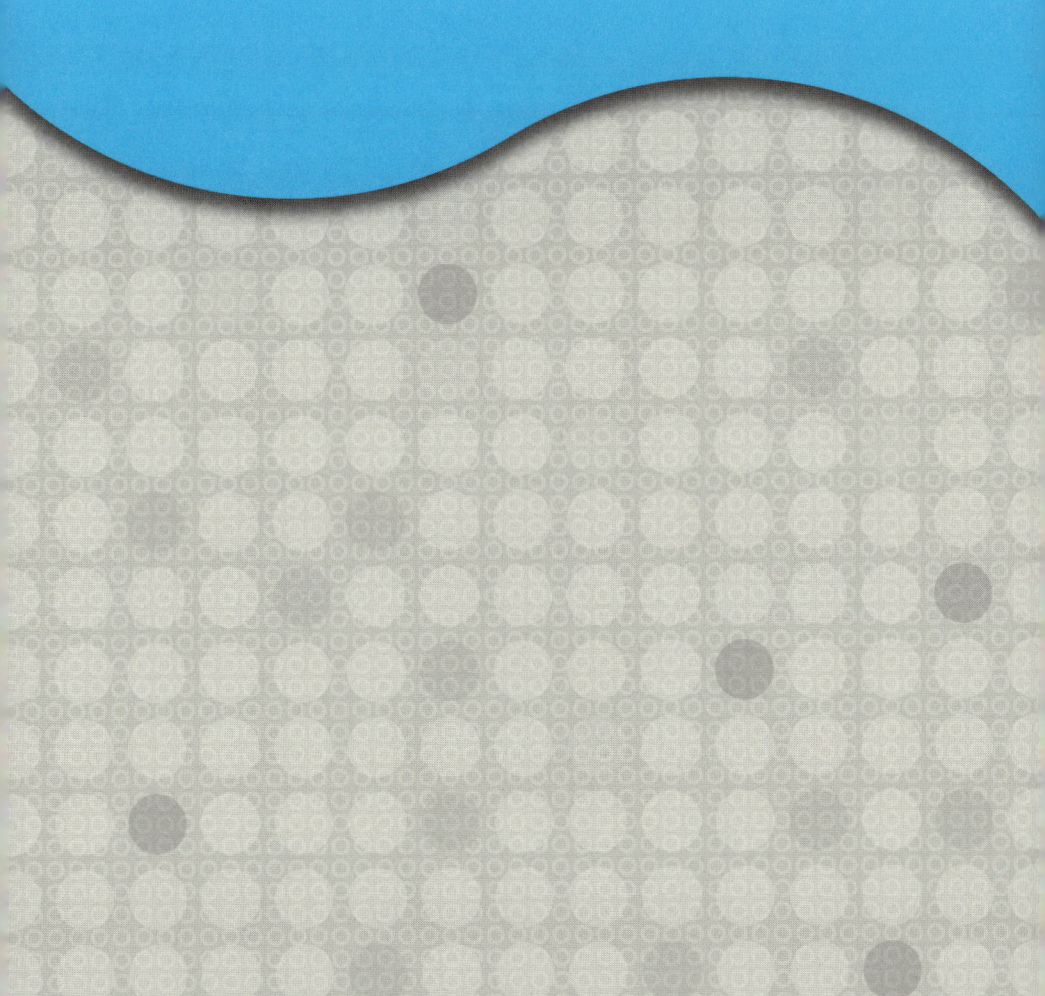

7-1 単回帰分析
～1変数を1変数で説明する分析術

2変数の資料に対して、1変数を他の変数の式で表現し、分析する統計解析の技法を単回帰分析といいます。ここでは、その中でも回帰分析の入門となる**線形の回帰分析**を調べることにしましょう。

線形の単回帰分析

線形の回帰分析とは、2変数の関係を直線の関係(すなわち、1次式の関係)で表現する分析法です。たとえば、次の表はある会社の入社試験における筆記試験の得点と、入社3年後の給与を示しています。

社員番号	筆記試験 x	3年後給与 y	社員番号	筆記試験 x	3年後給与 y
1	65	345	11	94	371
2	98	351	12	66	315
3	68	344	13	86	348
4	64	338	14	69	337
5	61	299	15	94	351
6	92	359	16	73	344
7	65	322	17	94	375
8	68	328	18	83	361
9	68	363	19	63	326
10	80	326	20	78	387

入社試験における筆記試験の得点と、入社3年後の給与額(単位は万円)。

この表を相関図で表してみましょう。

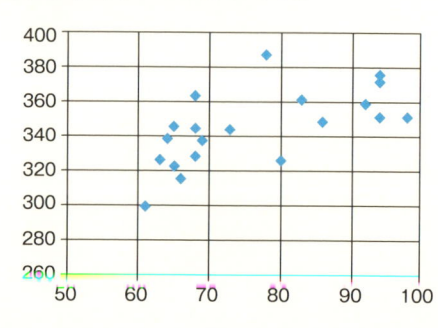

上記資料の相関図。横軸が入社試験の筆記試験、縦軸が3年後の給与。各点は、右上に伸びる帯の中に納まっている。

右上がりの分布です。入社試験の筆記試験の良いものは、だいたい入社後の成績も良く、それが給与に反映していることが分かります。

この右上がりという特徴を次の図のように一本の直線でなぞってみましょう。右上がりの点の分布が、一本の直線で代表されることがわかります。

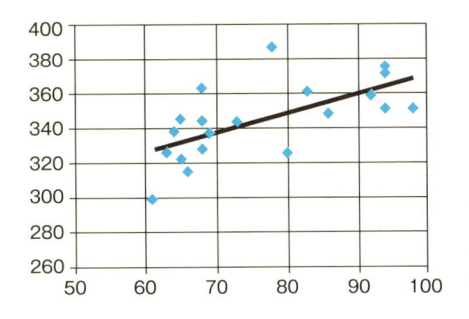

回帰直線は分布の傾向を表現する。この直線を表す回帰方程式を求めることが回帰分析の大きな目標の一つ。

このように、2変数の資料において、分布を一本の直線で代表させて変数の関係を調べる技法が、線形の単回帰分析です。

この1本の直線を資料の回帰直線といいます。また、この直線を表す方程式を回帰方程式といいます。

説明変数と目的変数

左のページに示された資料をもとに、3年後の給与yが入社時の筆記試験xを用いて、どのような回帰方程式であらわされるかを調べてみましょう。このとき、筆記試験の結果xを説明変数（あるいは独立変数）、3年後の給与yを目的変数（あるいは従属変数）といいます。xでyを説明しようとするからです。この直線の求め方は後の節（§2）に回すことにし、結論を先に示しておきましょう。回帰方程式は次のようになります。

$$\hat{y} = 1.08x + 261.6 \quad \cdots(1)$$

ここで新しい記号$\hat{y}$が現れました。この新記号$\hat{y}$は、資料の中の実際の変数yと区別するために利用しました。資料の中の変数yの値を実際の値なので実測値と呼ぶのに対して、この$\hat{y}$を変数yの予測値といいます。回帰方程式から予測する値だからです。

回帰直線

実測値 y と予測値 $\hat{y}$ の関係

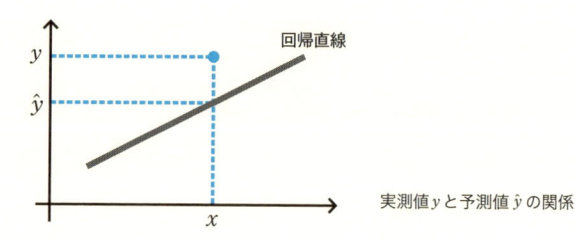

（注）文献によっては予測値を表す変数名と実測値を表す変数名を区別していません。

🔵 回帰方程式は予測に役立つ

　さて、回帰方程式を求めるメリットは何でしょうか。一つは、それが予測に使えることです。

　もう一度回帰方程式(1)を見てみましょう。

$$\hat{y} = 1.08x + 261.6 \quad \cdots (1)$$

この回帰方程式から、筆記試験が100点の社員の3年後の給与を予想してみます。それは簡単で、x に100をセットすればよいのです。

$$\hat{y} = 1.08 \times 100 + 261.6 = 369.6 ≒ 370万円$$

こうして、筆記試験が100点の学生の3年後の給与が約370万円であることを予想できます。

　このように、回帰方程式を得ることで、実際のデータが無い場合でも、目的変数の値の予想が付けられるのです。特に、説明変数に「時」をとると、未来予想に使えます。そこで、多くの未来予測に回帰方程式が利用されています。

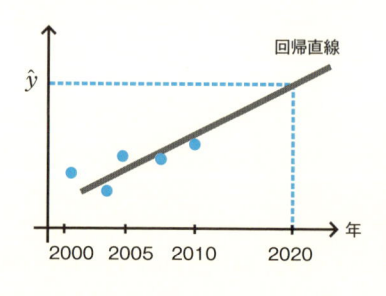

過去のデータから回帰方程式を求めれば、未来が予測できる。

回帰方程式は変数の関係の理解に役立つ

　回帰方程式を求めるもう一つの大きなメリットは、変数の関係が量的に把握できるということです。

　もう一度、先に求めた回帰方程式(1)を見てみましょう。

$$\hat{y} = 1.08x + 261.6 \quad \cdots (1)$$

xの係数1.08をこの回帰方程式の<u>回帰係数</u>といいます。また、定数項の261.6を回帰方程式の<u>切片</u>といいます。

　この回帰係数の意味を調べてみましょう。(1)から説明変数である筆記試験xが1点増加すると、目的変数の3年後の給与の予測値$\hat{y}$は1.08増加することが分かります。このことから、大雑把にいえば、入社時の筆記試験が1点高いと、3年後の給与が10800円（≒1万円）高くなることが分かります。このように、回帰係数を見ることで、説明変数と目的変数の関係が数値的に明らかになるのです。

回帰方程式の係数を調べることで、二つの変数の関係が見えるようになる

例題で確かめてみよう

> **(問)** 本節の資料において、番号10の社員の目的変数の実測値と予測値をいえ。

(解) 資料から、実測値yは326（万円）、予測値$\hat{y}$は

$$\hat{y} = 1.08 \times 80 + 261.6 = 348万円 \quad \textbf{(答)}$$

7-2 回帰方程式を求める原理
～誤差の総和を最小にする最小2乗法

　前項（§1）では単回帰分析とはどんなものかを調べました。その際、具体的な回帰方程式として、前節(1)式を提示しました。ところで、そこでは結論だけを示し、求め方については触れませんでした。本節では、この回帰方程式の求め方について調べることにします。

● 誤差の総和の残差平方和

　回帰方程式を求める前に、予測値と実測値との誤差について調べましょう。目的変数yのi番目の個体の実測値y_iと、これに対する予測値$\hat{y}_i$との誤差は次のように表わされます。

$$誤差 = y_i - \hat{y}_i$$

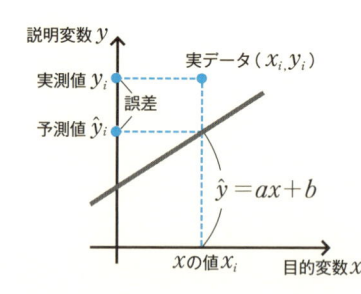

回帰方程式から得られた目的変数の値$\hat{y}$と実際の値yとの値の差は、回帰方程式の誤差と考えられる。

　回帰方程式の決定原理は、資料全体について、この誤差の総和が最小になるようにすることです。

　ところで、「資料全体の誤差」とは何かを定義しなければなりません。回帰分析では、この「資料全体の誤差」を次の式で定義します。

$$S_e = (y_1 - \hat{y}_1)^2 + (y_2 - \hat{y}_2)^2 + (y_3 - \hat{y}_3)^2 + \cdots + (y_n - \hat{y}_n)^2 \quad \cdots (1)$$

　このS_eは誤差の平方を資料全体に加え合わせた値で、**残差平方和**と呼ばれます。資料の目的変数の持つ情報のうち、回帰方程式が説明しきれない

量を表します。

そこで、この誤差の総量 S_e が最小になるように回帰方程式を決定すると、回帰方程式が一番良い精度になるはずです。これが回帰方程式の決定原理です。このように、誤差の平方和 S_e を最小にするように係数を決定する方法を **最小2乗法** といいます。

実際に最小2乗法を実行してみよう

いまの原理に従って、実際に回帰方程式(1)を求めてみましょう。まず、回帰方程式を次のように置いてみます。

$$\hat{y} = ax + b \quad (a、b は定数) \quad \cdots(2)$$

前節で利用した次の資料から、実際にこの定数 a、b の値を求めてみます。

社員番号	筆記試験 x	3年後給与 y	社員番号	筆記試験 x	3年後給与 y
1	65	345	11	94	371
2	98	351	12	66	315
3	68	344	13	86	348
4	64	338	14	69	337
5	61	299	15	94	351
6	92	359	16	73	344
7	65	322	17	94	375
8	68	328	18	83	361
9	68	363	19	63	326
10	80	326	20	78	387

まず、データを(1)、(2)式に代入してみます。

$$S_e = \{345-(65a+b)\}^2 + \{351-(98a+b)\}^2 + \cdots + \{387-(78a+b)\}^2 \quad \cdots(3)$$

微分積分学の定理から、この式の最小条件は次のように表現されます。

$$\frac{\partial S_e}{\partial a} = 0, \quad \frac{\partial S_e}{\partial b} = 0 \quad \cdots(4)$$

(注) $\dfrac{\partial S_e}{\partial a}$、$\dfrac{\partial S_e}{\partial b}$ は偏微分と呼ばれます。前者は a だけを変数と考えて S_e を微分することを、後者は b だけを変数と考えて S_e を微分することを、意味します。

実際、計算すると、a、bについての連立方程式が得られます。

$$\frac{\partial S_e}{\partial a} = 2\{345-(65a+b)\}\times(-65)+\cdots+2\{387-(78a+b)\}\times(-78) = 0$$

$$\frac{\partial S_e}{\partial b} = 2\{345-(65a+b)\}\times(-1)+\cdots+2\{387-(78a+b)\}\times(-1) = 0$$

ここで得られた連立方程式を解くと、次の値が得られます。

$$a = 1.08 \text{、} b = 261.6 \quad \cdots (5)$$

こうして、回帰方程式(1)が得られました。

(注) 現代において、(5)をこのように手計算で求めることは希です。統計ソフトが瞬時に答を算出してくれるからです。

● 回帰方程式の公式を導く

資料ごとに(3)、(4)の計算をするのは大変なので、単回帰分析の回帰方程式を求めるための公式を導出しましょう。

ここで突然ですが、最初に示した資料から、変数x, yについて、平均値$\bar{x}$、$\bar{y}$、分散s_x^2、共分散s_{xy}の値を計算し、次の値を求めてみました。

$$\frac{s_{xy}}{s_x^2} = 1.08\text{、} \bar{y} - \frac{s_{xy}}{s_x^2}\bar{x} = 261.6 \quad \cdots (6)$$

(5)に示したa, bの値、すなわち回帰方程式

$$\hat{y} = 1.08x + 261.6$$

の回帰係数と切片とに一致するのです。このことは、偶然ではなく、一般的に成立することが証明できます。

すなわち、次の公式が成立します。

> 2変数x, yについての資料があり、その回帰方程式が$\hat{y} = ax+b$と表されるとき、
> $$a = \frac{s_{xy}}{s_x^2}\text{、} b = \bar{y} - \frac{s_{xy}}{s_x^2}\bar{x}$$

(注) 一般的な証明は長くなるので付録Bでまとめることにします。

例題で確かめてみよう

(問) 実際に平均 $\bar{x}$, $\bar{y}$, 分散 s_x^2, 共分散 s_{xy} の値を計算し, (6) を確かめよ。

(解) 資料から、$\bar{x} = 76.5$, $\bar{y} = 344.5$, $s_x^2 = 150.3$, $s_{xy} = 163.0$ なので、

$$\frac{s_{xy}}{s_x^2} = \frac{163.0}{150.3} = 1.08$$

$$\bar{y} - \frac{s_{xy}}{s_x^2}\bar{x} = 344.5 - \frac{163.0}{150.3} \times 76.5 = 261.6 \quad \textbf{(答)}$$

> **MEMO** **Excelによる回帰方程式の算出法**
>
> Excelで回帰方程式を求める方法には、3種類あります。
> （ⅰ）関数利用 （ⅱ）分析ツール利用 （ⅲ）グラフ作成機能利用
> （ⅰ）の関数としては、次のものが代表的です。
>
>   LINEST、INTERCEPT、SLOPE
>
> （ⅱ）を利用するには、アドインをインストールしなければなりません。
> （ⅲ）は散布図に組み込まれた機能（下図）ですが、単回帰分析にしか利用できません。
>
> $y = 1.08x + 261.6$
> $R^2 = 0.40$
>
> （注）R^2 は次節で説明する決定係数。

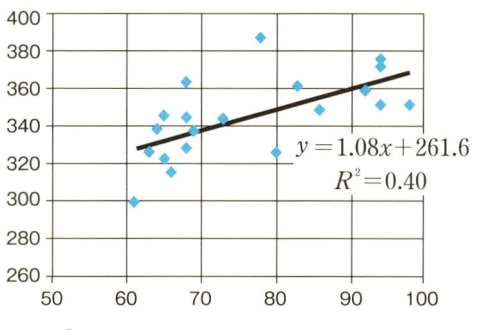

7-2 回帰方程式を求める原理 〜誤差の総和を最小にする最小2乗法

7-3 決定係数
～回帰方程式の精度を表す

本節では、前節で求めた回帰方程式の「説得力」を調べてみましょう。下図を見てください。7個の個体からなる2変数の資料があり、その相関図上に回帰直線を重ね合わせたものです。明らかに左の回帰直線の方が、資料の分布をよく表しています。右の回帰直線は、資料の特性を何も説明していないに等しいでしょう。

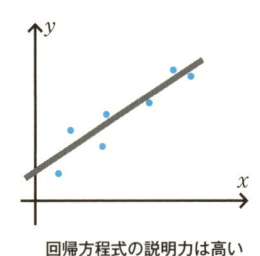

回帰方程式の説明力は高い 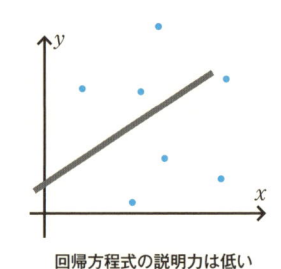　　　　回帰方程式の説明力は低い

● 変動は資料の持つ情報量を表す

本題に入る前に、次の式で定義される値 Q を調べることにします。これは変数 y の**変動**と呼ばれる値です。

$$Q = (y_1 - \bar{y})^2 + (y_2 - \bar{y})^2 + (y_3 - \bar{y})^2 + \cdots + (y_n - \bar{y})^2 \quad \cdots (1)$$

(注) $\bar{y}$ は目的変数 y の平均値。変動については1章§6でも調べました。

統計解析では、変動を資料の持つ総情報量と解釈します。というのは、和の中の各項の平方

$$(y_i - \bar{y})^2$$

は、変数の値が並みの値（すなわち平均値）$\bar{y}$ からどれくらいズレているかを表しているからです。すなわち、データ y_i の個性を表していると考えられるからです。その個性の総和である変動 Q は、まさに変数 y について資料の持つ情報量の総和と考えられるのです。

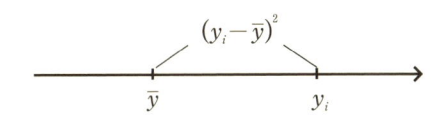

$(y_i - \bar{y})^2$ はデータ y_i のもつ情報量と考えられる。

回帰方程式の説明力を表す決定係数

話を元に戻して、回帰方程式が目的変数の情報量をどれくらい表現しているかを示す指標を調べてみましょう。その指標に利用されるのが**決定係数** R^2 です。これは次のように定義されます。

$$R^2 = \frac{Q - S_e}{Q} \quad \cdots (2)$$

Q は目的変数 y の変動で、(1)で求められます。S_e は前節§2で調べた残差平方和で、回帰方程式から得られる予測値と実際の値との誤差の総量を表します。目的変数 y の予測値を $\hat{y}$ として、次のように表現されます。

$$S_e = (y_1 - \hat{y}_1)^2 + (y_2 - \hat{y}_2)^2 + (y_3 - \hat{y}_3)^2 + \cdots + (y_n - \hat{y}_n)^2$$

いま調べたように、変動 Q は変数 y の持つ持つ情報量を表します。この情報量から誤差の総情報量 S_e を引くと、回帰方程式が説明する情報量が残ると考えられます。こうして、(2)で定義された決定係数 R^2 は、変数 y の持つ全情報量に対して回帰方程式が説明する情報量の割合いを表現していることが分かります。

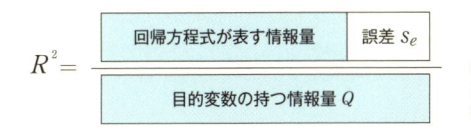

$$R^2 = \frac{\text{回帰方程式が表す情報量} \quad \text{誤差 } S_e}{\text{目的変数の持つ情報量 } Q}$$

決定係数 R^2 は、全体の情報量に対して回帰方程式が持つ情報量の割合いを表現。

この図からわかるように、決定係数 R^2 は0と1の間の数になります。

$$0 \leq R^2 \leq 1$$

決定係数 R^2 が1に近ければ、回帰方程式はよく目的変数を説明しているこ

とになります。逆に、0に近ければ回帰方程式は目的変数を説明していないことになるのです。

実際に決定係数を求める

実際に決定係数を求めてみましょう。前節で調べた次の資料を用いて、決定係数を計算してみます。

社員番号	筆記試験 x	3年後給与 y	社員番号	筆記試験 x	3年後給与 y
1	65	345	11	94	371
2	98	351	12	66	315
3	68	344	13	86	348
4	64	338	14	69	337
5	61	299	15	94	351
6	92	359	16	73	344
7	65	322	17	94	375
8	68	328	18	83	361
9	68	363	19	63	326
10	80	326	20	78	387

前節の結果から、回帰方程式は次のように求められました。

$$\hat{y} = 1.08x + 261.6$$

これを相関図に書き込んだグラフを再掲してみましょう。

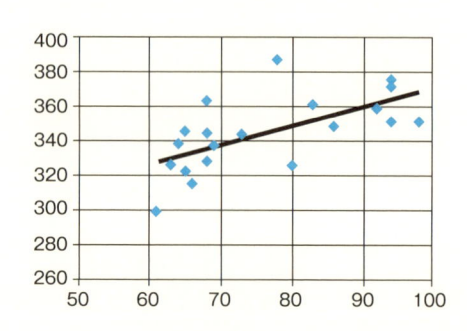

回帰直線は、資料の分布をほぼ良く説明している感じもしますが、この際の決定係数はどれくらいになるのでしょうか。資料の値を実際に用いて、

$$S_e = \{345-(1.08\times 65+261.6)\}^2+\{351-(1.08\times 98+261.6)^2\}+$$
$$\cdots\{387-(1.08\times 78+261.6)\}^2 = 5329.7$$
$$Q = (345-344.5)^2+(351-344.5)^2+\cdots+(387-344.5)^2 = 8863.0$$

ここで、次の結果を利用しています。

$$\bar{y} = 344.5$$

これらから、決定係数が次のように得られます。

$$R^2 = \frac{Q-S_e}{Q} = \frac{8863.0-5329.7}{8863.0} = 0.40$$

回帰方程式は目的変数の40%の情報しか説明していないことがわかります。入社試験での筆記試験の成績は入社後の能力と大きくは関係していないことを示しています。

● Excelで決定係数を求める

回帰分析は統計解析の代表的なツールの一つです。そこで、Excelでは決定係数を求めるためのいくつかのツール関数を用意してくれています。たとえば、次のRSQ関数がその例です。

　　RSQ(目的変数の範囲, 説明変数の範囲)

● 例題で確かめてみよう

次の資料は北西太平洋における冬季の二酸化炭素濃度を年ごとに調べたものである。この資料から回帰方程式とその決定係数を求めよ。

年(t)	2000	2001	2002	2003	2004	2005	2006	2007	2008	2009
ppm濃度(y)	371.0	373.4	374.9	377.4	380.1	381.2	384.9	384.7	388.0	388.1

(解) これまで表記してきた変数名xがtに変更されますが、それ以外は全く同一の議論が使えます。結果のみを示すと、

回帰方程式：$\hat{y} = 1.99t - 3612.8$

決定係数も同様にして

$R^2 = 0.98$ **(答)**

この例題は<u>時系列分析</u>といって、回帰分析の手法を時間を含む資料に応用した分野です。散布図上に回帰直線を描いてみましょう。よくデータを追尾していることが分かります。

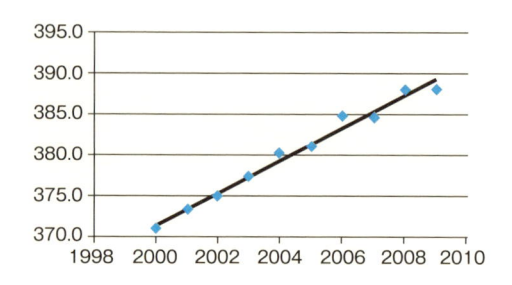

この10年のデータから予想できることは、1年に約2ppmの割合で大気中の二酸化炭素濃度が上昇しているということです。21世紀末の大気中の二酸化炭素濃度は回帰方程式から次のように予想されます。

$\hat{y} = 1.99 \times 2100 - 3612.8 = 566.2$ (ppm)

MEMO　　決定係数の平方根は重相関係数

目的変数 y とその予測値 $\hat{y}$ との相関係数を<u>重相関係数</u>といいます。面白い事に、この重相関係数は決定係数 R^2 の正の平方根（すなわち R）と一致します。

すなわち、決定係数が大きいことは目的変数 y とその予測値 $\hat{y}$ との相関が大きいということであり、y と $\hat{y}$ とがより密接であることを示しています。このことからも決定係数が回帰方程式の精度を表す指標であることが確かめられます。

7-4 重回帰分析
～1変数を複数の変数で説明する分析術

前の節（§2）で調べた単回帰分析は、1変数を1変数の式で説明するものでした。それに対して、重回帰分析は、1変数を複数の変数の式で説明する分析術です。式は複雑になりますが、基本的な考え方は単回帰分析と同じです。

● 重回帰分析とは

単回帰分析のときと同様、重回帰分析にも線形の重回帰分析と非線形の重回帰分析があります。ここでは線形の重回帰分析を調べます。目的変数を説明変数の1次式で表現する分析法です。

たとえば、次の資料を調べてみましょう。

社員番号	筆記試験 x	面接試験 w	3年後給与 y	社員番号	筆記試験 x	面接試験 w	3年後給与 y
1	65	83	345	11	94	95	371
2	98	63	351	12	66	70	315
3	68	83	344	13	86	85	348
4	64	96	338	14	69	85	337
5	61	55	299	15	94	60	351
6	92	95	359	16	73	86	344
7	65	69	322	17	94	84	375
8	68	54	328	18	83	92	361
9	68	97	363	19	63	70	326
10	80	51	326	20	78	98	387

これは前の節（§2）と同様、入社3年後の給与（年収）の調査結果です。§2では3年後の給与が筆記試験の結果とどのように関係しているかを調べました。ここでは、更に「面接試験」の結果も加えて、3年後の給与との関係を調べることにします。

すでに想像されていると思いますが、この資料の重回帰分析の回帰方程式は次のようになります。

$$\hat{y} = ax + bw + c \quad (a、b、cは定数) \quad \cdots(1)$$

この式の中の定数a、bを<u>偏回帰係数</u>と呼びます。これら定数a、b、cを資料から決定すれば、目的変数yと説明変数x、wとの関係が調べられるわけです。

（注）単回帰分析と同様、右辺の変数w、xを<u>説明変数</u>、左辺の変数yを<u>目的変数</u>と呼びます。

● 重回帰分析の回帰方程式のイメージ

　線形の単回帰分析で利用した回帰方程式は直線を表しました（§1）。では、線形の重回帰分析の回帰方程式(1)はどんなイメージになるでしょうか？答えは平面です。(1)を満たす3変数x、w、yを座標に持つ点を空間にプロットすると平面を形成するのです。

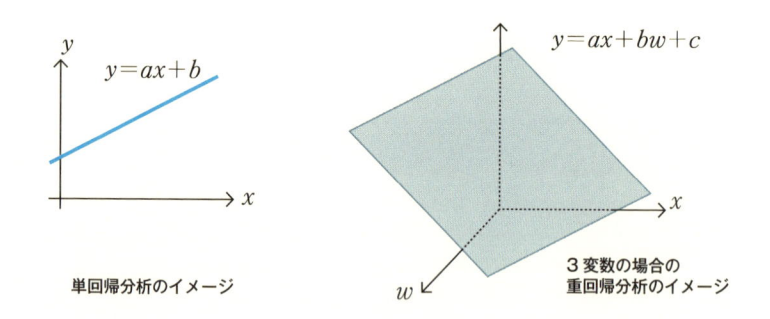

単回帰分析のイメージ（$y = ax + b$）

3変数の場合の重回帰分析のイメージ（$y = ax + bw + c$）

　なお、資料に現れる変数が4変数以上になると、具体的なイメージを作成することはできません。その際にも、この平面のイメージは回帰方程式を理解するのに役立つでしょう。

● 回帰方程式の求め方

　回帰方程式に含まれる定数a、b、cは、前節の単回帰分析でも調べたように、最小2乗法で決定します。

　まず回帰方程式から得られる値$\hat{y}$（<u>予測値</u>）と実データyとの誤差を考えます（下の表の右端）。

社員番号	筆記試験 x	面接試験 w	3年後給与 y	予測値 $\hat{y}$	誤差 $y-\hat{y}$
1	65	83	345	$65a+83b+c$	$345-(65a+83b+c)$
2	98	63	351	$98a+63b+c$	$351-(98a+63b+c)$
3	68	83	344	$68a+83b+c$	$344-(68a+83b+c)$
…	…	…	…	…	…
20	78	98	387	$78a+98b+c$	$387-(78a+98b+c)$

この表の右端にある誤差の平方の総和を S_e としましょう。

$$S_e = \{345-(65a+83b+c)\}^2 + \{351-(98a+63b+c)\}^2 + \\ \cdots + \{387-(78a+98b+c)\}^2 \quad \cdots(2)$$

(注) §2で調べたように、この S_e は**残差平方和**と呼ばれます。

S_e は誤差の総量と考えられます。そこで、この S_e を最小にするように、回帰方程式の中の定数 a、b、c を決定するのです。これが最小2乗法です。それには、単回帰分析のときと同様、次の方程式を解きます。

$$\frac{\partial S_e}{\partial a} = 0, \quad \frac{\partial S_e}{\partial b} = 0, \quad \frac{\partial S_e}{\partial c} = 0 \quad \cdots(3)$$

この解法の詳細は付録Bに回して、ここでは結果だけを示しましょう。

$$\hat{y} = 0.97x + 0.87w + 202.4 \quad \cdots(4)$$

(注) (3)を手計算で解くことは実際上ありません。導出の原理だけ理解していれば十分でしょう。実際の計算はExcelなどの統計ソフトに任せればよいからです。

回帰方程式を調べてみよう

いま変数 x、w は「100点満点」という同じ尺度で測定されています。そこで、変数 x、w にかかる係数の値の大小が、目的変数への影響度をだいたい示すことになります。変数 x、w の変化の度合いが、その係数の大きさを介して目的変数の予測 $\hat{y}$ に効くからです。

回帰方程式(4)で、x、w の係数は各々 0.97 と 0.87 です。だいたい同じ大きさです。すなわち、3年後の給与には、筆記試験の得点と面接点とは同じくらいの重みで影響を与えていることが分かります(あえて言えば、筆記試験 x の方が多少3年後の給与に強い影響を与えていますが…)。

3年後の予測値と実測値とを並列させてみましょう。

社員番号	3年後給与 実測値 y	3年後給与 予測値 $\hat{y}$	社員番号	3年後給与 実測値 y	3年後給与 予測値 $\hat{y}$
1	345	337.3	11	371	375.7
2	351	351.8	12	315	327.0
3	344	340.2	13	348	359.3
4	338	347.7	14	337	342.9
5	299	309.1	15	351	345.3
6	359	373.8	16	344	347.6
7	322	325.1	17	375	366.2
8	328	315.0	18	361	362.5
9	363	352.4	19	326	324.1
10	326	324.0	20	387	362.9

予想値よりも低い実測値を持つ社員は、会社に入ってから努力が足りないか、不遇な処遇を受けていることが想像されます。

回帰方程式の精度を表す決定係数

回帰方程式から得られる値は実際の値と誤差があります。あまりに誤差が大きいと回帰方程式の正当性が疑われます。そこで、前節（§3）で調べたように、回帰方程式の精度を表現する指数として**決定係数** R^2 が利用されます。これは次のように定義されます。

$$R^2 = \frac{Q - S_e}{Q}$$

S_e は(2)式で得られるもので、回帰方程式の誤差の総量です。また、Q は目的変数 y の変動で、次のように与えられます。

$$Q = (y_1 - \bar{y})^2 + (y_2 - \bar{y})^2 + (y_3 - \bar{y})^2 + \cdots + (y_n - \bar{y})^2$$

（注）$\bar{y}$ は目的変数 y の平均値。n は資料に含まれる個体数で、いま調べている例では20。

実際に計算すると、次のようになります。

$$R^2 = 0.79 \quad \cdots (5)$$

実際の資料の持つデータのほぼ8割の情報を回帰方程式が説明していることになります。

さて、§1で調べた資料はここで調べた資料の一部です。その§1の資料で単回帰分析した際の決定係数は次の通りでした。

$$R^2 = 0.40$$

(5)で見たように、ここで調べた重回帰分析の方が精度が良くなっています。それは、説明変数を増やしたからです。一つで説明するより複数で説明した方がよく説明できることを示しています。

例題で確かめてみよう

> 回帰方程式(4)の決定係数が(5)になることを、実際に確かめよ。

(解) まず、実測値と予測値の誤差の平方和 S_e（残差平方和）を求めてみましょう。§3と同様にして、

$$S_e = (345-337.3)^2 + (351-351.8)^2 + \cdots + (387-362.9)^2 = 1823.7$$

次に、実測値とその平均値との差の平方和 Q（変動）を求めてみましょう。

$$Q = (345-344.5)^2 + (351-344.5)^2 + \cdots + (387-344.5)^2 = 8863.0$$

ここで、$\bar{y} = 344.5$ を利用しています。

以上から、決定係数 R^2 が次のように得られます。

$$R^2 = \frac{Q - S_e}{Q} = \frac{8863.0 - 1823.7}{8863.0} = 0.79 \quad \textbf{(答)}$$

> **MEMO　自由度調整済み決定係数**
>
> 決定係数は大きいほど回帰分析の精度が高いことを表します。ところで、決定係数は説明変数を増やすと、大きくなる性質があります。ガラクタの説明変数を加えても、大きくなってしまい、見かけ上回帰分析の精度が高まってしまうのです。そこで、これを調整する新たな決定係数があります。それが<u>自由度調整済み決定係数</u>です。

Reference

【参考】

Excelで重回帰分析

§4では、線形の重回帰分析についての回帰係数の求め方を提示しました。しかし、この方法から回帰係数を求めるのは大変です。そこで表計算ソフトのExcelを利用して重回帰分析する方法も調べましょう。

● 分析ツールを利用して回帰分析

次の図はウィザード形式で回帰分析ができる「分析ツール」を利用して、前節(§4)の分析結果を算出しています。ウィザードのダイアログボックスに従って資料を指定すれば、簡単に分析が実行されます。

	A	B	C	D	E	F	G	H	I
1	概要								
2									
3	回帰統計								
4	重相関 R	0.891195							
5	重決定 R2	0.794229							
6	補正 R2	0.770021							
7	標準誤差	10.35757							
8	観測数	20							
9									
10	分散分析表								
11		自由度	変動	分散	観測された分散比	有意 F			
12	回帰	2	7039.251	3519.625	32.80804	1.46E-06			
13	残差	17	1823.749	107.2794					
14	合計	19	8863						
15									
16		係数	標準誤差	t	P-値	下限 95%	上限 95%	下限 95.0%	上限 95.0%
17	切片	202.4129	17.92148	11.29443	2.53E-09	164.6018	240.2239	164.6018	240.2239
18	x	0.96512	0.190025	5.078914	9.29E-05	0.564203	1.366038	0.564203	1.366038
19	w	0.869557	0.152108	5.716724	2.52E-05	0.548638	1.190476	0.548638	1.190476

（B5を指して）決定係数
（B17〜B19を指して）回帰方程式の係数

「データ」メニューの「データ分析」項目にある「回帰分析」を選択することで、この分析機能が利用できる。

● LINEST関数を利用して回帰分析

LINEST関数でも重回帰分析が実行できます。この関数は配列関数で使い方に注意が必要ですが、コンパクトに回帰分析の結果を出力してくれます。

（注）LINEST関数の使用例については付録Cで調べます。

第8章
分散分析

8-1 分散分析とは
～バラツキを科学する分析術

養豚場において、子豚の飼育のために飼料A、B、C、Dを用い、さらに豚舎の温度を高中低の3段階に調整しました。このとき、子豚の1月後の体重増加を調べた結果が以下の通りとします。

		飼料			
		A	B	C	D
温度	高	3.11	5.85	8.59	8.81
	中	4.13	8.66	8.30	8.71
	低	7.37	6.86	9.30	12.11

子豚の1月後の体重増加。単位はkg。

この資料を見て、次のような両極の意見が考えられます。
「飼料Dを与え、低温にした方が、豚の育ちは良さそうだ」
「全部偶然の結果であり、何も判断できはしない」
さて、どちらの意見を採用すれば良いでしょうか。このような問いに答えるのが**分散分析**です。

（注）分散分析（Analysis of Variance）の英語の頭文字を取ってANOVAと呼ぶことがあります。

工場において改善の効果が得られたか、農場において肥料の効果が得られたか、開発した新薬の効果があるか、さらには他の薬との「飲み合わせ」効果があるかどうか、などを科学的に判断するのが分散分析なのです。

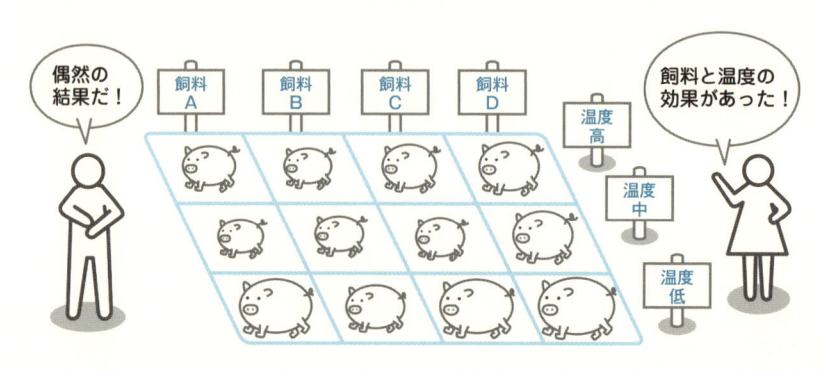

因子と水準

　分散分析で利用される「因子」、「水準」という2つの言葉を紹介します。次の表を見てください。ある豚舎において、飼料A、B、C、Dの効果を試した資料です。子豚の1月後の体重増加を調べています。各々8頭について実験を行っています。

飼料A	飼料B	飼料C	飼料D
8.40	6.79	5.79	7.30
4.44	5.74	8.65	9.20
7.71	5.02	10.38	7.71
7.23	6.71	6.25	8.14
3.57	8.57	8.22	7.14
3.53	8.49	7.15	11.35
3.77	7.80	9.32	6.77
7.31	5.29	5.62	7.97

　この資料において、飼料に相当するものを因子といいます。そして、この飼料の種類A、B、C、Dのような項目を水準といいます。

一元配置、二元配置の分散分析

　上の資料では、一つの因子（飼料）の効果を調べています。このように、一因子の影響を調べる分析を一元配置の分散分析といいます。
　次に、以下の表を見てください。均一な12頭の子豚について、飼料の種類と温度を変化させ、1カ月の体重増加を調べた結果です。

		飼料			
		A	B	C	D
温度	高	3.11	5.85	8.59	8.81
	中	4.13	8.66	8.30	8.71
	低	7.37	6.86	9.30	12.11

繰り返しのない二元配置の分散分析の資料。

　この表のように、温度と飼料という2因子がデータに関与しているとき、その2因子の影響の有無を調べるのが二元配置の分散分析です。

（注）因子が3個以上のものは、一括して多元配置の分散分析と呼びます。

二元配置の分散分析は、更に二つに分類されます。「繰り返しのない」場合と「繰り返しのある」場合です。「繰り返しのない」場合とは、先の資料のように、同一条件のデータが一つしかない場合です。それに対して、「繰り返しのある」場合とは、次表のように、同一条件のデータが複数ある場合をいいます。

		飼料			
		A	B	C	D
温度	高	11.03	8.75	9.45	6.18
		13.17	11.25	9.46	8.92
		11.53	6.31	7.97	10.73
	中	13.04	13.70	10.63	8.59
		11.45	11.67	13.66	9.75
		12.76	11.34	13.43	7.59
	低	10.39	12.98	8.02	9.53
		10.06	10.58	8.68	10.42
		13.02	9.98	12.74	8.00

繰り返しのある二元配置の分散分析の資料。同一水準に複数のデータが配置されている。すなわち、同一条件のデータが複数得られている場合である。

● 例題で確かめてみよう

> **(問)** 米作において、肥料A、B、Cの効き具合を調べるために、均一な稲に、これらの肥料を施しコメの収穫量を調べた。この実験データにおいて、因子と水準にあたるものは何か。

(答)「肥料」が因子、3種の肥料A、B、Cが「水準」になります。

> **MEMO**　　　　　　発展する分散分析
>
> 分散分析は、統計解析の中でもっとも利用頻度の高い分析術です。1920年ころ、イギリスの統計学者フィッシャーによって提唱された技法です。本節で調べた論法は、そのフィッシャーのオリジナルな考えを再現したものです。ところで、すでに論文発表から1世紀近くが経過し、現在の分散分析は様々な形に改良され進化しています。

8-2 一元配置の分散分析
～1因子の効果を検証する分析術

4種の飼料A、B、C、Dを子豚に与え、1月後の体重増加(単位はkg)を調べる実験を考えましょう。他の要因はできるだけ同一にしていると仮定します。下表はその結果です。実験は各々子豚8頭について行いました。

飼料A	飼料B	飼料C	飼料D
8.40	6.79	5.79	7.30
4.44	5.74	8.65	9.20
7.71	5.02	10.38	7.71
7.23	6.71	6.25	8.14
3.57	8.57	8.22	7.14
3.53	8.49	7.15	11.35
3.77	7.80	9.32	6.77
7.31	5.29	5.62	7.97

データに影響を与える要因を因子、その種類を水準と呼ぶ。ここでは飼料が因子、その種類A、B、C、Dが水準である。

この資料を眺めると、飼料Dの効果が一番高く、飼料Aはあまり効かないようです。しかし、簡単に結論を出してはいけません。
「偶然にこのような結果になった！」
と反論されるからです。実際、飼料Aを与えられた種の方が、飼料Dを与えられた種よりも、成長度合いが大きい豚もいます。このようなとき、「飼料の違いがあったか？」の判断を下す手段が一元配置の分散分析です。

● データの偏差を分解

実際に分析を進めてみます。成長に良い飼料を食べた豚は平均値よりも大きく成長するはずです。したがって、飼料の効果は平均値からの「ずれ」、すなわちデータの偏差に現れると考えられます。ちなみに、偏差とはデータの値と平均値との差です（1章§6）。

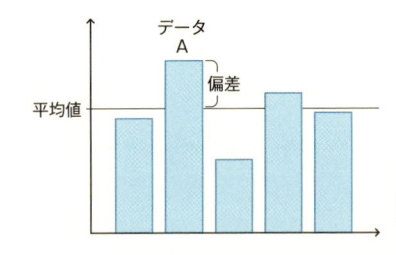

偏差＝データの値－平均値

偏差はデータ値から「並み」の値である平均値を引いたもの。データのもつ固有の情報を表す。

各データについて、実際にこの偏差を計算してみましょう。

飼料A	飼料B	飼料C	飼料D
1.30	−0.31	−1.31	0.20
−2.66	−1.36	1.55	2.10
0.61	−2.08	3.28	0.61
0.13	−0.39	−0.85	1.04
−3.53	1.47	1.12	0.04
−3.57	1.39	0.05	4.25
−3.33	0.70	2.22	−0.33
0.21	−1.81	−1.48	0.87

異なる飼料の効果は各データの偏差に現れると考えられるので、まず偏差を算出。

さて、この偏差は次のように分解できます。

偏差＝（水準平均－全体平均）＋（データの値－水準平均） ･･･ (1)

この分解は、たとえば、水準Dに含まれるi番目のデータx_{Di}について、次のような式で表されます。

$$x_{Di} - \bar{x} = (\bar{x}_D - \bar{x}) + (x_{Di} - \bar{x}_D)$$

ここで、$\bar{x}$は資料全体の平均値、$\bar{x}_D$は水準Dに属するデータの平均値です。

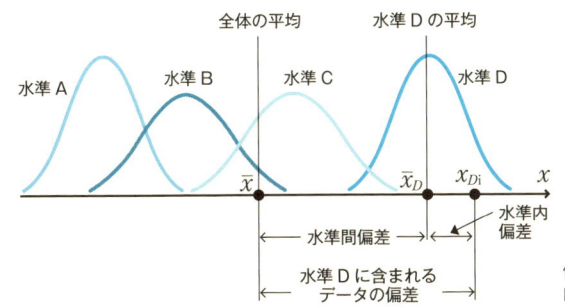

偏差を水準間偏差と水準内偏差に分解する。

(1)の右辺第1項目の「水準平均－全体平均」は、同一飼料のグループの平均値から資料全体の平均値を引いたものです。飼料の違いの効果を表す量と考えられます。これを**水準間偏差**と呼ぶことにします。

(1)の右辺第2項目の「データの値－水準平均」は、当該データから同一飼料のグループ平均を引いたものです。同一条件のもとで得られたデータのバラツキであり、偶然性を表す量、すなわち統計誤差を表す量と考えられます。これを**水準内偏差**と呼ぶことにします。

各データの偏差（各個体に対する飼料の効果）＝水準間偏差（飼料の効果）＋水準内偏差（統計誤差）

前ページの偏差の表から、水準間偏差と水準内偏差を計算してみましょう。ここで、次の値を利用しています。

$\bar{x} = 7.10$、$\bar{x}_A = 5.75$、$\bar{x}_B = 6.80$、$\bar{x}_C = 7.67$、$\bar{x}_D = 8.20$

Aの水準間偏差	Bの水準間偏差	Cの水準間偏差	Dの水準間偏差
−1.36	−0.30	0.57	1.09
−1.36	−0.30	0.57	1.09
−1.36	−0.30	0.57	1.09
−1.36	−0.30	0.57	1.09
−1.36	−0.30	0.57	1.09
−1.36	−0.30	0.57	1.09
−1.36	−0.30	0.57	1.09
−1.36	−0.30	0.57	1.09

水準間偏差（＝水準平均−全体平均）
飼料の効果を表す。

Aの水準内偏差	Bの水準内偏差	Cの水準内偏差	Dの水準内偏差
2.66	−0.01	−1.88	−0.90
−1.31	−1.06	0.98	1.00
1.97	−1.78	2.71	−0.49
1.49	−0.09	−1.42	−0.06
−2.18	1.77	0.55	−1.06
−2.22	1.69	−0.52	3.15
−1.98	1.00	1.65	−1.43
1.57	−1.51	−2.05	−0.23

水準内偏差（＝データ値−水準平均）
統計誤差を表す。

● 水準間偏差と水準内偏差を比較

　飼料の違いの効果を表す水準間偏差が大きく、偶然性を表す水準内偏差が小さければ、飼料の違いの効果が認められることになります。逆の場合は、偶然性が支配していることを表しています。

　水準間偏差と水準内偏差のこの関係は、木で覆われた2つの山のイメージで表現できます。各山が高く（すなわち水準間偏差が大きく）、そこに生えている木々が低ければ（すなわち水準内偏差が小さければ）、2つの山（すなわち飼料の違いの効果）が見分けられます。逆なら、2つの山は見分けられないことになります。

水準間偏差大

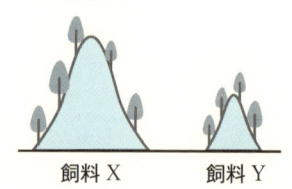

飼料 X　　飼料 Y

外から山（飼料の効果）が区別できる

水準間偏差小

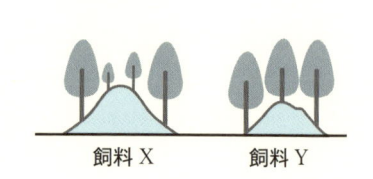

飼料 X　　飼料 Y

外から山（飼料の効果）が区別できない

● 水準間偏差と水準内偏差を数値化

　水準間偏差と水準内偏差（すなわち統計誤差）の大小を調べるために、それらの「変動」を求めてみます。変動はデータの散らばり具合を素直に

表現するからです（1章§6）。水準間変動をQ_1、水準内変動をQ_2とすると、

$$Q_1 = (-1.36)^2 \times 8 + (-0.30)^2 \times 8 + 0.57^2 \times 8 + 1.09^2 \times 8 = 27.66 \quad \cdots(2)$$

$$Q_2 = \{2.66^2 + (-1.31)^2 + \cdots + 1.57^2\} + \{(-0.01)^2 + (-1.06)^2 + \cdots + (-1.51)^2\}$$
$$+ \{(-1.88)^2 + 0.98^2 + \cdots + (-2.05)^2\} + \{(-0.90)^2 + 1.00^2 + \cdots + (-0.23)^2\}$$
$$= 80.93 \quad \cdots(3)$$

この水準間変動Q_1は飼料全体での飼料因子の効果を、水準内変動Q_2は飼料全体での統計誤差（すなわち雑音）を、数値として表現していると考えられます。

水準間変動 $Q_1 = 27.66$（飼料の効き具合）　　水準内変動 $Q_2 = 80.93$（偶然性を表現）

偏差＝

Aの水準間偏差	Bの水準間偏差	Cの水準間偏差	Dの水準間偏差
−1.36	−0.30	0.57	1.09
−1.36	−0.30	0.57	1.09
−1.36	−0.30	0.57	1.09
−1.36	−0.30	0.57	1.09
−1.36	−0.30	0.57	1.09
−1.36	−0.30	0.57	1.09
−1.36	−0.30	0.57	1.09
−1.36	−0.30	0.57	1.09

＋

Aの水準内偏差	Bの水準内偏差	Cの水準内偏差	Dの水準内偏差
2.66	−0.01	−1.88	−0.90
−1.31	−1.06	0.98	1.00
1.97	−1.78	2.71	−0.49
1.49	−0.09	−1.42	−0.06
−2.18	1.77	0.55	−1.06
−2.22	1.69	−0.52	3.15
−1.98	1.00	1.65	−1.43
1.57	−1.51	−2.05	−0.23

変動Q_1が変動Q_2に比べて大きければ、飼料の違いの効果が認められることになります。逆ならば、結果は偶然ということになり、飼料の違いの効果は認められないことになります。

不偏分散を求める

分散分析を進める準備として、変動Q_1、Q_2を「不偏分散」に変換しましょう。後述するF検定を利用するためです。

不偏分散とは変動Q_1、Q_2を自由度で割ったものです（4章§4）。

$$\text{不偏分散 } V = \frac{\text{変動}Q}{\text{自由度}f}$$

では、自由度を求めてみましょう。水準間変動 Q_1 の自由度 f_1 は、水準間偏差の平均値は0という制約があるので、

$$f_1 = \text{「水準の数}-1\text{」} = 4 - 1 = 3 \quad \cdots (4)$$

水準間偏差では、A、B、C、Dの3つの平均値の和が0という縛りがある。

したがって、

$$\text{水準間偏差の不偏分散 } V_1 = \frac{Q_1}{f_1} = \frac{27.66}{3} = 9.22 \quad \cdots (5)$$

次に、水準内変動 Q_2 の自由度 f_2 を求めてみましょう。水準ごとの平均値は0という制約がありますから、水準内変動 Q_2 の自由度 f_2 は

$$f_2 = \text{「各水準のデータ数}-1\text{」} \times \text{水準数} = (8-1) \times 4 = 28 \quad \cdots (6)$$

したがって、不偏分散 V_2 は、

$$\text{水準内偏差の不偏分散 } V_2 = \frac{Q_2}{f_2} = \frac{80.93}{28} = 2.89 \quad \cdots (7)$$

水準間変動 $Q_1 = 27.66$ （飼料の効き具合）　水準内変動 $Q_2 = 80.93$ （偶然性を表現）

偏差 =

Aの水準間偏差	Bの水準間偏差	Cの水準間偏差	Dの水準間偏差
−1.36	−0.30	0.57	1.09
−1.36	−0.30	0.57	1.09
−1.36	−0.30	0.57	1.09
−1.36	−0.30	0.57	1.09
−1.36	−0.30	0.57	1.09
−1.36	−0.30	0.57	1.09
−1.36	−0.30	0.57	1.09
−1.36	−0.30	0.57	1.09

＋

Aの水準内偏差	Bの水準内偏差	Cの水準内偏差	Dの水準内偏差
2.66	−0.01	−1.88	−0.90
−1.31	−1.06	0.98	1.00
1.97	−1.78	2.71	−0.49
1.49	−0.09	−1.42	−0.06
−2.18	1.77	0.55	−1.06
−2.22	1.69	−0.52	3.15
−1.98	1.00	1.65	−1.43
1.57	−1.51	−2.05	−0.23

↑ 平均値は0　　　↑ 平均値は0

● 分散分析を支えるのはF分布

いよいよ、飼料の効果を検証する準備が整いました。飼料の効果を表す不偏分散 V_1 と偶然性を表す不偏分散 V_2 との大小を検定するのです。そのために用いられるのが、次の定理です。

正規分布に従う同一の母集団から抽出された標本において、不偏分散 V_1 と V_2 の比は自由度 f_1, f_2 の F 分布に従う。

(注) F分布については3章§8、6章§9参照。

この定理が分散分析のバックボーンです。

F 分布により、V_1 と V_2 の大小を判定する。すなわち、飼料の効果と偶然性の効果の判定を行う。

● F 検定の実行

準備が整いました。F 分布による検定（F 検定）を実行しましょう。すなわち、次の帰無仮説を有意水準5%で検定します。

H_0：水準間の差異はない

飼料の種類による豚の体重増加の差はない、という帰無仮説を設定するのです（対立仮説は、「水準間の差異（飼料の効果）がある」です）。

さて、上の定理から、仮説 H_0 を F 分布で検定するには、不偏分散の比（F 値といいます）が必要です。

$$F = \frac{V_1}{V_2} = \frac{9.22}{2.89} = 3.19 \quad \cdots (8)$$

V_1 は飼料の違いの効果を、V_2 は偶然性を表しているので、この F 値が大きければ、飼料の違いの効果が確かめられることになります。

こうして、先に挙げた定理が利用できます。すなわち、定理によれば、この F 値が自由度 3, 28 の F 分布に従うのです。3, 28 は V_1, V_2 を求める際の自由度です。

自由度 3, 28 の F 分布の上側5%点を調べてみましょう。

上側5%点 ＝ 2.95　　$\cdots (9)$

したがって、(5)で求めたF値3.19は有意水準5%の棄却域に入っています。仮説H_0は棄却されたのです。「飼料の違いの効果があった」ことが有意水準5%で認められました。

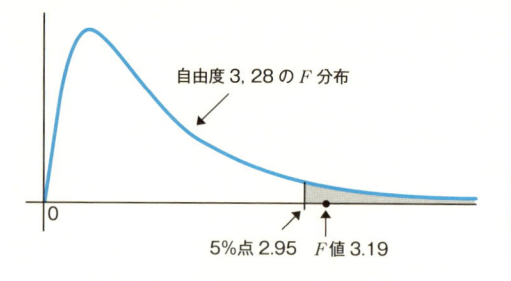

自由度3, 28のF分布

5%点2.95　F値3.19

F値3.19は5%の棄却域に入っている。飼料の違いの効果があったことが認められたのである。

（注）付録Dに、Excelのデータ分析機能を用いた分散分析を示しました。

例題を解いてみよう

(問) 本節で調べた資料について、有意水準1%で次の帰無仮説を検定せよ。
　　　H_0：水準間の差異はない

(解) 自由度3, 28のF分布において、
　　上側1%点＝4.57
F値は(7)式から3.19であり、上側1%点より小さく、棄却域には入っていません。

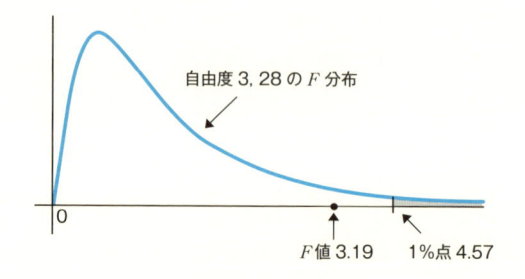

自由度3, 28のF分布

F値3.19　　1%点4.57

F値3.19は1%の棄却域に入っていない。

よって、帰無仮説H_0は棄却されません **(答)**

8-3 一元配置の分散分析表
～一元配置の分散分析表の完成

前節（§2）では、分散分析の理屈を調べました。ところで、分散分析は統計処理として非常によく利用されます。そこで、その手順もしっかりまとめられています。その「まとめ」が次の**分散分析表**です。

変動要因	変動	自由度	不偏分散	分散比	F境界値
水準間変動					
水準内変動					

（注）分散分析表にはいろいろなフォームがありますが、基本的にはこの表と同じです。

次の一般的な資料をもとに、分散分析の手順を示してみましょう。

W	X	…	Z
w_1	x_1	…	z_1
w_2	x_2	…	z_2
w_3	x_3	…	z_3
…	…	…	…
w_n	x_n	…	z_n

W, X, …, Z は水準名、n は各水準のデータ数です。

❶ 変動の計算

まず、資料全体の平均値 m_T を算出し、次に、各水準ごとの平均値 m_W, m_X, …, m_Z を算出します。そして、水準間変動 Q_1、水準内変動 Q_2 を算出します。

$$水準間変動\, Q_1 = n\{(m_W - m_T)^2 + (m_X - m_T)^2 + \cdots + (m_Z - m_T)^2\}$$

$$\begin{aligned}水準内変動\, Q_2 =& (w_1 - m_W)^2 + (w_2 - m_W)^2 + \cdots + (w_n - m_W)^2 \\&+ (x_1 - m_X)^2 + (x_2 - m_X)^2 + \cdots + (x_n - m_X)^2 \\&+ \cdots + (z_1 - m_Z)^2 + (z_2 - m_Z)^2 + \cdots + (z_n - m_Z)^2\end{aligned}$$

前節（§2）で、この計算を実際に実行したのが(2)～(3)の値です。これを、次の分散分析表に埋めてみましょう。

変動要因	変動	自由度	不偏分散	分散比	F境界値
水準間変動	27.66				
水準内変動	80.93				

❷ 自由度の計算

水準の数をlとします。各水準のデータ数をnとしているので、前節の議論から、次のようになります。

　　水準間の変動の自由度 $= l-1$

　　水準内の変動の自由度 $= l(n-1)$

これが前節で調べた(4)、(6)の値です。分散分析表に埋めてみましょう。

変動要因	変動	自由度	不偏分散	分散比	F境界値
水準間変動	27.66	3			
水準内変動	80.93	28			

❸ 不偏分散の計算

変動を自由度で割ると不偏分散が得られます。すなわち、水準間変動と水準内変動の不偏分散を各々V_1、V_2とすると、

$$V_1 = \frac{Q_1}{l-1},\quad V_2 = \frac{Q_2}{l(n-1)}$$

これが前節で調べた(5)、(7)の値です。分散分析表に埋めてみましょう。

変動要因	変動	自由度	不偏分散	分散比	F境界値
水準間変動	27.66	3	9.22		
水準内変動	80.93	28	2.89		

❹ F 値の計算

不偏分散 V_1、V_2 の比が F 分布に従うので、次の F 値を求めます。

$$F = \frac{V_1}{V_2}$$

これが前節で調べた (8) です。分散分析表に埋めてみましょう。

変動要因	変動	自由度	不偏分散	分散比	F境界値
水準間変動	27.66	3	9.22	3.19	
水準内変動	80.93	28	2.89		

（注）この表の「分散比」とはF値のことです。

❺ F 分布のパーセント点を求める

帰無仮説で設定した有意水準に対応する F 分布のパーセント点を求め、表に埋めます（これが前節で調べた (9) です）。これで分散分析表が完成しました。

変動要因	変動	自由度	不偏分散	分散比	F境界値
水準間変動	27.66	3	9.22	3.19	2.95
水準内変動	80.93	28	2.89		

（注）この表の「F境界値」とは有意水準に対するパーセント点のことです。ここでは5%点を利用しています。

❻ F 値とパーセント点の大小を比較

F 値が有意水準に対するパーセント点より大きければ、帰無仮説は棄却されます。対立仮説が採択されることになります。

この表の場合、分散比（すなわち F 値）はF境界値より大きいので、棄却域に入っています。よって、帰無仮説が棄却されることになるのです。

例題を解いてみよう

(問) 前節の資料において、飼料の効果の差異があったかを、有意水準1%で検定したい。そのための分散分析表を作成し、検定を行え。

(解) 変更されるのは❺の「F境界値」のみです。自由度3, 28のF分布の1%点は4.57なので、次のように表が完成します。

変動要因	変動	自由度	不偏分散	分散比	F境界値
水準間変動	27.66	3	9.22	3.19	4.57
水準内変動	80.93	28	2.89		

この表から、分散比（F値）は棄却域に入らず、帰無仮説

H_0：飼料の差異はない。

は棄却できません (答)

MEMO　各効果の変動の和は総変動

前節（§2）で調べた結果から、水準間偏差（すなわち飼料の効果）を表す変動値 Q_1 と、水準内偏差（すなわち統計誤差）を表す変動値 Q_2 は、次のようになります（正確を期すために、小数第4位まで表示します）。

$Q_1 + Q_2 = 27.6598 + 80.9252 = 108.5850$

また、資料全体の変動和 Q_T は、次のようになります。

$Q_T = 108.5850$

このことから、次の式が成立します。

$Q_T = Q_1 + Q_2$

この結果は偶然ではありません。変動について次の関係が成立するのです。

全変動＝因子による変動＋統計誤差による変動

8-4 繰り返しのない二元配置の分散分析
～同一条件データが1つの場合の2因子の分析

前節（§2）では、結果を左右する要因として、1つの因子だけを仮定しました。しかし、「飼料と温度」、「肥料と湿度」など、2つの因子を仮定して実験する場合もよくあります。そこで、ここでは2因子の効果を検証する実験結果の資料をどのように分析するか、調べることにします。このとき利用されるのが**二元配置の分散分析**です。

● 2因子の効果を判定

§2と同じく豚の飼育を例にして話を進めます。2因子としては、与える「飼料」と豚舎の「温度」を取り上げます。それ以外の要因については、できるだけ均一化した条件にして、1月後の体重増加（単位はkg）を調べた結果が次の資料です。

		飼料 A	飼料 B	飼料 C	飼料 D
温度	高	3.11	5.85	8.59	8.81
	中	4.13	8.66	8.30	8.71
	低	7.37	6.86	9.30	12.11

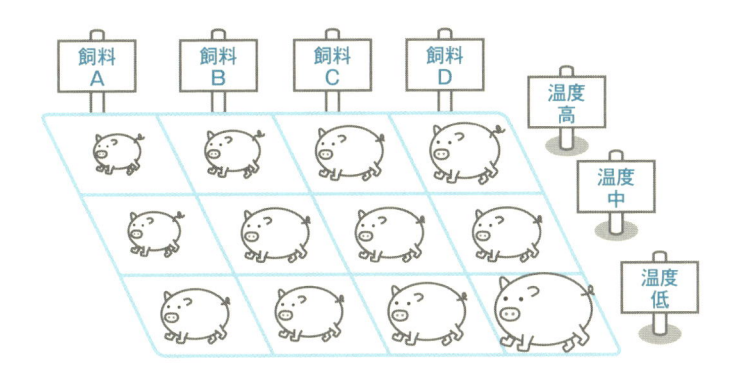

（注）前の節と同様、要因（上の資料の場合、飼料と温度）を**因子**、要因の項目（飼料A、B、温度の高低、など）を**水準**と呼びます。

資料には、2因子の各組に対して1個のデータしか存在しません。同じ条件下では、1回の実験結果しか得られていない場合です。このような資料に対する分散分析を**繰り返しのない二元配置の分散分析**といいます。

● 考え方は一元配置の分散分析と同様

議論の進め方は、前節で調べた一元配置の分散分析と同様です。先の資料を縦または横から眺めれば、一元配置の分散分析の資料と同様になるからです。

		飼料			
		A	B	C	D
温度	高	3.11	5.85	8.59	8.81
	中	4.13	8.66	8.30	8.71
	低	7.37	6.86	9.30	12.11

横から見れば、一因子の場合と同じだ！

下から見れば、一因子の場合と同じだ！

1因子の場合に、水準間の変動を「因子の効果」と考えました。2因子の場合も同様に考えます。

● 因子の効果は偏差に現れる

1因子の場合に調べたように、因子の効果は偏差に現れると考えます。「並み」の値である平均値からのずれが因子の効果と考えられるからです。

データの値 ＝ 平均値 ＋ 偏差
　　　　　└── 並みの値 ──┘└─ 因子の効果 ─┘

前節同様、この偏差を2要因を加味したものに分解してみましょう。すなわち、因子の効果が表れる偏差を次のように分解してみるのです。

$$\text{偏差＝飼料の効果＋温度の効果＋統計誤差} \quad \cdots (1)$$

ここで「統計誤差」とは、§2でも調べたように、因子の効果では説明できないバラツキです。データの持つ情報すべてが2要因で説明がつくはずがありません。この2要因で説明しきれない部分を「統計誤差」とみなすのです。

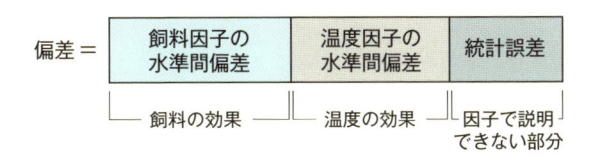

偏差 ＝ | 飼料因子の水準間偏差 | 温度因子の水準間偏差 | 統計誤差 |
       └── 飼料の効果 ──┘ └── 温度の効果 ──┘ └因子で説明できない部分┘

● 因子の効果を調べる

「温度の違い」の効果を考えてみましょう。前節と同様に

　　温度の効果＝温度の水準平均－全体平均

と考えます。

		飼料			
		A	B	C	D
温度	高	−1.06	−1.06	−1.06	−1.06
	中	−0.20	−0.20	−0.20	−0.20
	低	1.26	1.26	1.26	1.26

（温度の）水準平均－全体平均を計算し、温度の効果を得る。

資料全体についての「温度の違い」の効果は、一元配置の分散分析のときと同様、この資料の中の各欄の平方和（すなわち変動）として表現されます。実際、「温度の違い」の効果の変動 Q_{11} は次のようになります。

$$Q_{11} = 4\{(-1.06)^2 + (-0.20)^2 + (1.26)^2\} = 11.00 \quad \cdots (2)$$

この値が相対的に大きければ、「温度の違い」の効果が大きいことになります。

次に、「飼料の効果」を考えてみましょう。温度のときと同様、

　　飼料の効果＝飼料の水準平均－全体平均

と考えます。

		飼料			
		A	B	C	D
温度	高	−2.78	−0.53	1.08	2.23
	中	−2.78	−0.53	1.08	2.23
	低	−2.78	−0.53	1.08	2.23

（飼料の）水準平均−全体平均を計算し飼料の効果を得る。

資料全体についての「飼料の効果」は、温度のときと同様、平方和（すなわち変動）Q_{12}として表わされます。

$$Q_{12} = 3\{(-2.78)^2+(-0.53)^2+(1.08)^2+(2.23)^2\} = 42.39 \quad \cdots(3)$$

この値が相対的に大きければ、「飼料」の効果が大きいことになります。

● 2因子の効果を引いたものが統計誤差

統計誤差は(1)式で調べたように、次のように求められます。

統計誤差＝データの偏差−飼料の効果−温度の効果

実際に計算すると、次のようになります。

		飼料			
		A	B	C	D
温度	高	−0.70	−0.21	0.92	−0.01
	中	−0.54	1.74	−0.23	−0.97
	低	1.24	−1.52	−0.69	0.97

偏差−飼料の効果−温度の効果を計算し統計誤差を得る。

「統計誤差」の大きさも、平方和（変動）Q_2で表現されます。

$$Q_2 = (-0.70)^2+(-0.21)^2+\cdots+(-0.69)^2+(0.97)^2 = 10.96 \quad \cdots(4)$$

「温度の違いの効果」Q_{11}と「飼料の違いの効果」Q_{12}が、統計誤差の変動Q_2に比べて大きいときには、各々の効果が認められることになります。逆であれば、飼料や温度の効果は認められないことになります。

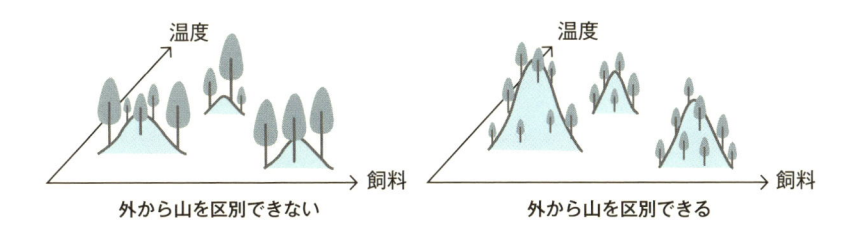

二元配置の分散分析は平地にある山と木に例えられる。山の起伏が因子効果、その山に植わっている木が統計誤差。木々の高さ（統計誤差）が山の起伏（因子効果）に比べて大きいと、山の起伏は木々に隠されて見えない。

不偏分散を算出

前節と同様、ここでも、F分布が活躍します。変動Q_{11}、Q_{12}、Q_2を自由度で割った数の比、すなわち不偏分散の比がF分布に従う、という統計学の定理を利用するからです（3章§8、6章§9）。

そこで、各効果の不偏分散を計算してみましょう。

§2と同様、(2)、(3)で与えられる変動Q_{11}、Q_{12}の自由度は水準数から1引いた値になります。すなわち、各々次の値が自由度になります。

温度の効果の自由度＝3－1＝2 …(5)

飼料の効果の自由度＝4－1＝3 …(6)

MEMO　自由度を合計すると

各効果の変動の自由度の和は飼料に含まれるデータ数から1引いた値になります。

Q_{11}の自由度＋Q_{12}の自由度＋変動Q_2の自由度
　＝資料の総データ数－1

実際、本節では

2＋3＋6＝12－1

最後の「1」は、偏差を対象にしているので、資料の平均値が0になるからです。

また、統計誤差の効果 Q_2 の自由度も、§1 と同様に考えて、次のようになります。

誤差の自由度 $= (4-1)(3-1) = 6$　… (7)

したがって、温度の効果と飼料の効果、そして統計誤差の効果による不偏分散 V_{11}、V_{12}、V_2 は次のように求められます。

$$\left.\begin{array}{l} V_{11} = \dfrac{Q_{11}}{2} = \dfrac{11.0}{2} = 5.50、\quad V_{12} = \dfrac{Q_{12}}{3} = \dfrac{42.39}{3} = 14.13 \\ V_2 = \dfrac{Q_2}{6} = \dfrac{10.96}{6} = 1.83 \end{array}\right\} \cdots (8)$$

● 検定開始

いよいよ検定作業に入ります。まず、検定すべき仮説（帰無仮説）を提示してみましょう。

H_{10}：温度の違いの効果は認められない

H_{20}：飼料の違いの効果は認められない

これを 5% の有意水準で検定してみます。

不偏分散の比は F 分布に従います（3章§8）。すなわち、次の F_{11}、F_{12} は各々自由度 2, 6、自由度 3, 6 の F 分布に従うのです。

$$F_{11} = \dfrac{V_{11}}{V_2} = \dfrac{5.50}{1.83} = 3.01、\quad F_{12} = \dfrac{V_{12}}{V_2} = \dfrac{14.13}{1.83} = 7.74 \quad \cdots (9)$$

次の図は、自由度 2, 6、自由度 3, 6 の F 分布の分布曲線を示しています。そこに、これらの値を記入してみましょう。また、有意水準 5% の棄却域を網掛けで表示してみましょう。

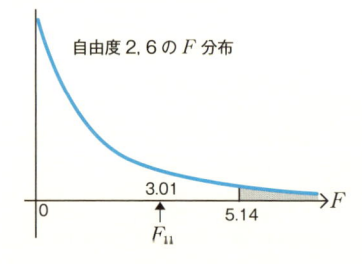

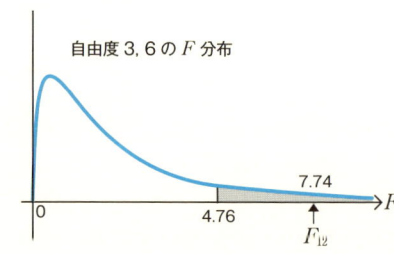

グラフに示すように、自由度2, 6、自由度3, 6のF分布の5%点は

$$\left. \begin{array}{l} \text{自由度2, 6のF分布の5\%点} = 5.14 \\ \text{自由度3, 6のF分布の5\%点} = 4.76 \end{array} \right\} \cdots (10)$$

グラフからわかるように、「温度の違いの効果」を示すF値のF_{11}は棄却域に入っていません。仮説H_{10}は棄却できないことが分かります。統計的なバラツキに比べて、豚舎の温度の違いの効果がある、とは敢えていえないのです。

これに反して、「飼料の効果」を表すF値F_{12}は棄却域に入っています。仮説H_{20}は棄却されることになります。飼料に関しては、統計的誤差のバラツキに比べて、その効果は十分大きいことが分かったのです。飼料の違いの効果は認められたのです！

> **MEMO　各効果の変動の和は総変動**
>
> 本節の資料について、全変動Q_Tを算出してみましょう。
>
> 　　全変動$Q_T = 64.35$
>
> ところで、温度の効果、飼料の効果、予測できないバラツキの効果を表すQ_{11}、Q_{12}、Q_2は次のように求められています。
>
> 　　$Q_{11} = 11.00$、$Q_{12} = 42.39$、$Q_2 = 10.96$
>
> この計算結果から、次の性質が得られます。
>
> 　　全変動$Q_T = Q_{11} + Q_{12} + Q_2$
>
> 各変動の和は、飼料の持つ全変動に一致するのです。このことは、偶然ではなく、分散分析で常に成立する性質です。

8-5 繰り返しのない二元配置の分散分析表 〜二元配置の分散分析表の完成(1)

前節（§3）と同様、繰り返しのない二元配置の分散分析についても、手順がまとめられています。その手順は次の分散分析表を完成することと一致します。

変動要因	変動	自由度	分散	分散比	F境界値
行					
列					
誤差					

（注）二元配置の分散分析表にはいろいろなものがありますが、基本的にはこの表と同じです。

ここでは、次の一般的な資料をもとに、繰り返しのない二元配置の分散分析の手順を示してみましょう。

		因子 X			
		X_1	X_2	$\cdots$	X_l
因子 Y	Y_1	a_{11}	a_{21}	$\cdots$	a_{l1}
	Y_2	a_{12}	a_{22}	$\cdots$	a_{l2}
	$\cdots$	$\cdots$	$\cdots$	$\cdots$	$\cdots$
	$\cdots$	$\cdots$	$\cdots$	$\cdots$	$\cdots$
	Y_k	a_{1k}	a_{2k}		a_{lk}

ここで、X、Y は因子名、X_1, X_2, $\cdots$, X_l, Y_1, Y_2, $\cdots$, Y_k は水準名、l、k はその水準数です。

❶ 変動の計算

因子 X の水準間変動 Q_{11}、因子 Y の水準間変動 Q_{12}、純粋な統計誤差の変動 Q_2 とすると、それらは次の式で与えられます。ここで、$m_{X1}, m_{X2}, \cdots, m_{Xl}$ は因子 X の各水準ごとの平均値、$m_{Y1}, m_{Y2}, \cdots, m_{Yk}$ は因子 Y の各水準ごとの平均値、m_T は全体の平均値です。

因子Xの水準間変動
$$Q_{11} = k\{(m_{X1}-m_T)^2 + (m_{X2}-m_T)^2 + \cdots + (m_{Xl}-m_T)^2\}$$
因子Yの水準間変動
$$Q_{12} = l\{(m_{Y1}-m_T)^2 + (m_{Y2}-m_T)^2 + \cdots + (m_{Yk}-m_T)^2\}$$
水準内変動（誤差変動）
$$Q_2 = \{(a_{11}-m_T)-(m_{X1}-m_T)-(m_{Y1}-m_T)\}^2 + $$
$$\cdots + \{(a_{lk}-m_T)-(m_{Xl}-m_T)-(m_{Yk}-m_T)\}^2$$

前節で、この計算を実際に実行したのが(2)〜(4)の値です。これを次の分散分析表に埋めてみましょう。

変動要因	変動	自由度	分散	分散比	F境界値
行	11.00				
列	42.39				
誤差	10.96				

（注）変動要因の項目にある「行」とは因子Yを、「列」とは因子Xを表します。

❷ 自由度の計算

因子X、Yの水準の数をl、kとしているので、前節の議論から、

因子Xの水準間の変動の自由度 $= l-1$

因子Yの水準間の変動の自由度 $= k-1$

水準内変動（誤差変動）の自由度 $= (k-1)(l-1)$

となります。これらが前節で調べた(5)〜(7)の値です。分散分析表に埋めてみましょう。

変動要因	変動	自由度	分散	分散比	F境界値
行	11.00	2			
列	42.39	3			
誤差	10.96	6			

❸ 不偏分散の計算

変動を自由度で割ると不偏分散が得られます。すなわち、因子 X、Y の水準間変動と水準内変動（すなわち誤差変動）の不偏分散を各々 V_{11}、V_{12}、V_2 とすると、

$$V_{11} = \frac{Q_{11}}{k-1} 、\ V_{12} = \frac{Q_{12}}{l-1} 、\ V_2 = \frac{Q_2}{(k-1)(l-1)}$$

これらが前節で調べた (8) の値です。分散分析表に埋めてみましょう。

変動要因	変動	自由度	分散	分散比	F境界値
行	11.00	2	5.50		
列	42.39	3	14.13		
誤差	10.96	6	1.83		

❹ F値の計算

不偏分散 V_1、V_2 の比が F 分布に従うので、次の F 値を求めます。

$$F_{11} = \frac{V_{11}}{V_2} 、\ F_{12} = \frac{V_{12}}{V_2}$$

これが前節で調べた (9) です。分散分析表に埋めてみましょう。

変動要因	変動	自由度	分散	分散比	F境界値
行	11.00	2	5.50	3.01	
列	42.39	3	14.13	7.74	
誤差	10.96	6	1.83		

（注）この表の「分散比」とは上に述べた F 値のことです。

❺ F分布のパーセント点を求める

F 分布の表や Excel などの統計ソフトを利用して、有意水準に対応するパーセント点を求めます。いまは5％点を求めています。これが前節で調べた (10) です。分散分析表に埋めてみましょう。

変動要因	変動	自由度	分散	分散比	F境界値
行	11.00	2	5.50	3.01	5.14
列	42.39	3	14.13	7.74	4.76
誤差	10.96	6	1.83		

(注) この表の「F境界値」とは有意水準に対するパーセント点のことです。

❻ F 値とパーセント点の大小を比較

F 値が有意水準に対するパーセント点より大きければ、帰無仮説は棄却されます。対立仮説が採択されることになります。

例題を解いてみよう

> **(問)** 有意水準1%で、前節（§4）の資料から分散分析表を作成し、次の仮説を検定せよ。
> H_{10}：温度因子による水準間の差異はない
> H_{20}：飼料因子による水準間の差異はない

(解) 変更されるのは❺の「F境界値」のみです。自由度2,6、3,6の F 分布の1%点は10.92と9.78なので、次のように表が完成します。

変動要因	変動	自由度	分散	分散比	F境界値
行	11.00	2	5.50	3.01	10.92
列	42.39	3	14.13	7.74	9.78
誤差	10.96	6	1.83		

この表から、二つの分散比（F 値）3.01、7.74は「F境界値」より小さいので、二つとも棄却域に入りません。そこで、帰無仮説 H_{10}、H_{20} はともに棄却できません **(答)**

8-6 繰り返しのある二元配置の分散分析
～同一条件のデータが複数ある場合の2因子の分析

データを左右する要因として、前の節（§4）と同様、2因子がある場合を考えてみましょう。本節が前の節と異なる点は、同じ水準のデータが複数存在する場合を扱うことです。すなわち、同じ条件下で繰り返し実験した結果がまとめられている資料を分析するのです。これが**繰り返しのある二元配置の分散分析**です。「繰り返しのない」場合に比べて**交互作用**という面白い情報が得られます。

● 具体例で見てみると

次の表を見てください。これまでと同様、均等に選ばれた子豚を1カ月飼育したのちの体重増加を調べた資料です。前節（§5）と同様、因子として飼料と温度を考えることにします。前の節で調べた資料と似ていますが、同一条件のデータが複数存在していることが異なります。

		飼料			
		A	B	C	D
温度	高	11.03	8.75	9.45	6.18
		13.17	11.25	9.46	8.92
		11.53	6.31	7.97	10.73
	中	13.04	13.70	10.63	8.59
		11.45	11.67	13.66	9.75
		12.76	11.34	13.43	7.59
	低	10.39	12.98	8.02	9.53
		10.06	10.58	8.68	10.42
		13.02	9.98	12.74	8.00

飼料と温度を変えたときの子豚の体重増加。同一条件のデータが3つ得られているが、これが「繰り返しが3回」の二元配置の分散分析（単位はkg）。

このように、2因子からなる資料で、同一条件の2つの以上のデータが得られている資料を**繰り返しのある二元配置**の資料といいます。そして、これらのデータから2因子の効果を調べるのが、**繰り返しのある二元配置の分散分析**です。

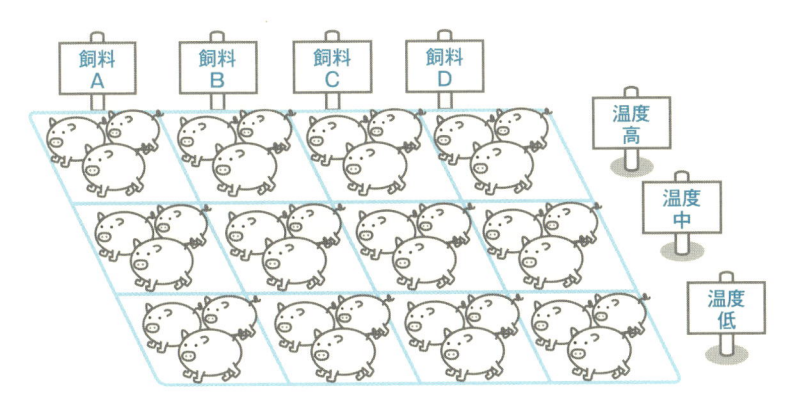

同じ条件で複数のデータが得られる2因子の資料を対象にするのが、「繰り返しのある」二元配置の分散分析。

「繰り返しのある資料」は交互作用が調べられる

　「繰り返しのある」二元配置の分散分析も、前の節で調べた「繰り返しのない」場合と、基本的には扱い方は同じです。しかし、面白いことに、「繰り返しのある」場合には、更に新しい情報が得られます。**交互作用**と呼ばれる情報です。

　交互作用とは、2因子が絡み合って作り出す効果のことです。一方が他方の影響を受けて強い効果を発揮したり、逆に負の効果を発揮したりします。この作用を交互作用というのです。

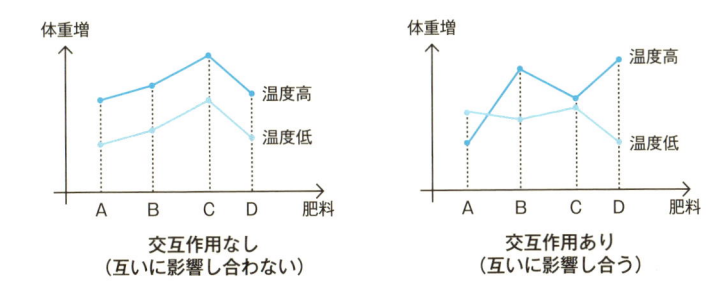

交互作用なし
（互いに影響し合わない）

交互作用あり
（互いに影響し合う）

　交互作用を調べることは重要です。例えば、薬の拮抗作用を調べたり、経済の相乗作用を考えたりする際に、大いに役立ちます。

8-6　繰り返しのある二元配置の分散分析 〜同一条件のデータが複数ある場合の2因子の分析

❶ 偏差を分解

分析を開始しましょう。そのために、前の節（§4）で調べた「繰り返しのない二元配置の分散分析」の考え方を復習してみます。

「繰り返しのない」分析では、データの偏差を次のように分離しました。

偏差＝飼料の効果＋温度の効果＋統計誤差 … (1)

ここで、飼料の効果、温度の効果は次のように表現されました。

飼料の効果 ＝ 飼料の水準平均－全体平均
温度の効果 ＝ 温度の水準平均－全体平均 … (2)

さて、(1)式の末尾にある「統計誤差」項の原因としては、色々なものが考えられます。しかし、前の節では、十把一からげに「統計誤差」とみなしたのでした。ところが、繰り返しのあるデータの場合には、その統計誤差から「純粋な統計誤差」を抽出できるのです。すなわち、

純粋な統計誤差＝データ値－（同一条件データの平均） …(3)

この(3)式の意味を調べてみましょう。

もし、2因子だけが資料のデータを決定するなら、同一水準の組み合わせを持つデータは同一の「本来の値」を持つはずです。同一条件を持つデータは、決定論的には同一値をとるはずだからです。

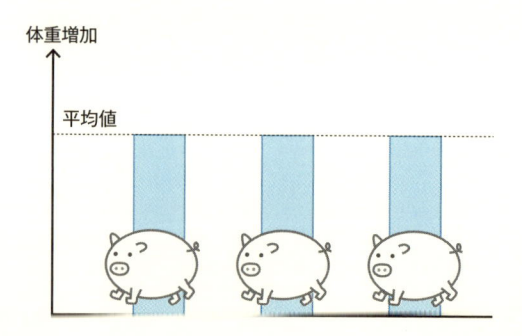

同一因子・同一水準のデータは、同一条件なのだから、同一の値をとるはず（しかし、実際には異なる値をとる）。

しかし実際には、偶然のいたずらで、同一因子・同一水準のデータにもばらつきがあります。そこで、同一因子・同一水準の複数のデータについての平均値を統計誤差のない「本来の値」と考え、平均値からのずれ（偏差）を、「純粋な統計誤差」と考えるのです。すなわち、(3)を更に具体的に表現して、

純粋な統計誤差＝データ値－（同一因子・同一水準の平均値）　…(4)

こうして、純粋な統計誤差が抽出できました。

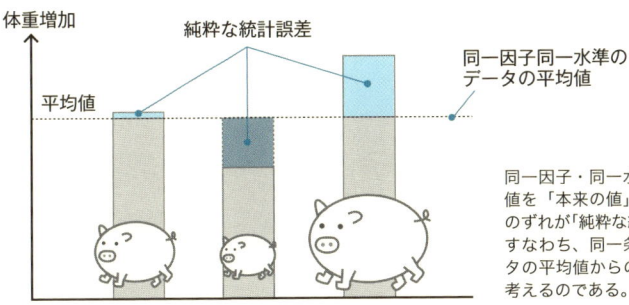

同一因子・同一水準のデータの平均値を「本来の値」と考え、それからのずれが「純粋な統計誤差」と考える。すなわち、同一条件で得られたデータの平均値からの偏差を統計誤差と考えるのである。

交互作用の算出

いよいよ、本題の交互作用を算出してみましょう。交互作用の効果は、「統計誤差」から「純粋な統計誤差」を引いたものと考えるのです。すなわち、各々の因子では説明しきれない「統計誤差」の部分から「純粋な統計誤差」を差し引いたものが交互作用の効果と考えるわけです。

交互作用の効果＝式(1)の統計誤差－式(4)の「純粋な統計誤差」　…(5)

交互作用の効果は、(1)、(5)から次のように偏差に位置づけられます。

偏差＝温度の効果＋飼料の効果＋交互作用＋純粋な統計誤差　…(6)

偏差			
温度の効果 （温度の水準平均－全体平均）	飼料の効果 （飼料の水準平均－全体平均）	交互作用	純粋な統計誤差 （(4)式で算出）

統計誤差（交互作用＋純粋な統計誤差）

8-6　繰り返しのある二元配置の分散分析 〜同一条件のデータが複数ある場合の2因子の分析

● 2因子の効果を数値化

以上で全体の枠組みが出来上がりました。具体的な計算に進みましょう。

まず、各因子の効果の部分を求めます。(2)から、各データに対する各因子の効き具合は次のように求められます。

		飼料			
		A	B	C	D
温度	高	−0.90	−0.90	−0.90	−0.90
		−0.90	−0.90	−0.90	−0.90
		−0.90	−0.90	−0.90	−0.90
	中	1.00	1.00	1.00	1.00
		1.00	1.00	1.00	1.00
		1.00	1.00	1.00	1.00
	低	−0.10	−0.10	−0.10	−0.10
		−0.10	−0.10	−0.10	−0.10
		−0.10	−0.10	−0.10	−0.10

温度の効果（＝温度の水準平均−全体平均）

		飼料			
		A	B	C	D
温度	高	1.36	0.26	−0.02	−1.61
		1.36	0.26	−0.02	−1.61
		1.36	0.26	−0.02	−1.61
	中	1.36	0.26	−0.02	−1.61
		1.36	0.26	−0.02	−1.61
		1.36	0.26	−0.02	−1.61
	低	1.36	0.26	−0.02	−1.61
		1.36	0.26	−0.02	−1.61
		1.36	0.26	−0.02	−1.61

飼料の効果（＝飼料の水準平均−全体平均）

このように分離された各因子の効果を数値化しましょう。すでに調べてきたように、効果の大小は平方和である変動の大小で表されます。

例えば温度の効果は次の変動で表されます。

$$Q_{11} = 12 \times \{(-0.90)^2 + (1.00)^2 + (-0.10)^2\} = 21.95 \quad \cdots(7)$$

この変動値が大きければ、温度の効果は大きいことになります。

同様に、飼料の効果は次の変動で表されます。

$$Q_{12} = 9 \times \{(1.36)^2 + (0.26)^2 + (-0.02) + (-1.61)^2\} = 40.62 \quad \cdots(8)$$

この変動値が大きければ、飼料の効果は大きいことになります。

● 純粋な統計誤差を数値化

次に「純粋な統計誤差」を調べてみましょう。式(4)から、次のように求められます。

		飼料			
		A	B	C	D
温度	高	−0.88	−0.02	0.49	−2.43
		1.26	2.48	0.50	0.31
		−0.38	−2.46	−0.99	2.12
	中	0.62	1.46	−1.94	−0.05
		−0.97	−0.57	1.09	1.11
		0.34	−0.90	0.86	−1.05
	低	−0.77	1.80	−1.79	0.21
		−1.10	−0.60	−1.13	1.10
		1.86	−1.20	2.93	−1.32

純粋な統計誤差の表。同一因子・同一水準のデータの平均値を各データから引いて得られる。

　この純粋な統計誤差の効果を数値化してみましょう。これまでと同様、変動の値として次のように表現されます。

$$Q_2 = (-0.88)^2 + (-0.02)^2 + 0.49^2 + (-2.43)^2 + 1.26^2 +$$
$$\cdots + 1.10^2 + 1.86^2 + (-1.20)^2 + 2.93^2 + (-1.32)^2 = 65.78 \quad \cdots (9)$$

これが相対的に大きければ、純粋な統計誤差の効果が大きいことになります。

● 交互作用を数値化

　「繰り返しのある」二元配置の分散分析の大きな特徴である「交互作用」を調べてみましょう。先の(5)式から、次のように求められます。

		飼料			
		A	B	C	D
温度	高	0.99	−1.06	−0.59	0.66
		0.99	−1.06	−0.59	0.66
		0.99	−1.06	−0.59	0.66
	中	−0.41	0.51	1.12	−1.22
		−0.41	0.51	1.12	−1.22
		−0.41	0.51	1.12	−1.22
	低	−0.57	0.55	−0.54	0.56
		−0.57	0.55	−0.54	0.56
		−0.57	0.55	−0.54	0.56

交互作用の表。データの偏差から因子の効果と純粋な統計誤差を引いて得られる。

　この交互作用の大小を数値化してみましょう。これまで同様、それは変動で示すことができます。

$$Q_{13} = 3\{0.99^2 + (-1.06)^2 + (-0.59)^2 + \cdots + (-0.54)^2 + 0.56^2\}$$
$$= 21.76 \quad \cdots (10)$$

この値が大きいと判断されれば、交互作用の効果は大きいことになります。

● 不偏分散を算出

以上で、各効果が数値化されましたが、このままでは検定作業には使えません。いままで調べてきたように、分散の検定には

正規分布に従う同一の母集団から抽出された標本において、不偏分散 V_1 と V_2 の比は F 分布に従う

という定理が利用されるからです（3章§8、6章§9）。そこで、「不偏分散」の値を求めねばなりません。

不偏分散を求めるには、各効果の変動の自由度を求める必要があります。計算過程から分かるように、

温度の効果の自由度＝温度の水準数－1＝3－1＝2 $\quad \cdots (11)$
飼料の効果の自由度＝飼料の水準数－1＝4－1＝3 $\quad \cdots (12)$
交互作用の自由度＝（温度の水準数－1）×（飼料の水準数－1）
$\quad\quad\quad = 2 \times 3 = 6 \quad \cdots (13)$
統計誤差の自由度＝全データ数－(11)－(12)－(13)－1
$\quad\quad = $温度の水準数×飼料の水準数×（繰り返し回数－1）＝24 $\cdots (14)$

変動を自由度で割ると不偏分散が求められます。したがって、求めたい不偏分散は、(7)～(14)から次のように得られます。

温度の効果の不偏分散 $V_{11} = \dfrac{Q_{11}}{2} = 10.98 \quad \cdots (15)$

飼料の効果の不偏分散 $V_{12} = \dfrac{Q_{12}}{3} = 13.54 \quad \cdots (16)$

交互作用の不偏分散 $V_{13} = \dfrac{Q_{13}}{6} = 3.63 \quad \cdots (17)$

統計誤差の不偏分散 $V_2 = \dfrac{Q_2}{24} = 2.74 \quad \cdots (18)$

仮説検定の実行

検定作業の準備が整いました。前節と同様、次の仮説（帰無仮説）を検定します。交互作用を考えることを除けば、基本的な考え方はこれまでと同様です。

H_{10}：温度の効果は認められない

H_{20}：飼料の効果は認められない

H_{30}：交互作用は認められない

これらの帰無仮説を有意水準5%で検定してみましょう。

不偏分散 V_{11} と V_2 の比 $F_{11} = \dfrac{V_{11}}{V_2}$ は「自由度2、24のF分布」に従います。不偏分散 V_{11} と V_2 の自由度が(11)、(14)より順に2、24だからです。

同様に(11)〜(14)から、V_{12} と V_2 の比 $F_{12} = \dfrac{V_{12}}{V_2}$、$V_{13}$ と V_2 の比 $F_{13} = \dfrac{V_{13}}{V_2}$、は各々自由度3, 24、自由度6, 24の$F$分布に従います。

次に、(15)〜(18)で求めた値を代入して、分散比を計算してみましょう。

$$\left.\begin{array}{l} F_{11} = \dfrac{V_{11}}{V_2} = \dfrac{10.98}{2.74} = 4.01, \quad F_{12} = \dfrac{V_{12}}{V_2} = \dfrac{13.54}{2.74} = 4.94, \\[2ex] F_{13} = \dfrac{V_{13}}{V_2} = \dfrac{3.63}{2.74} = 1.32 \end{array}\right\} \cdots (19)$$

これらの値をF分布のグラフに記入してみます。

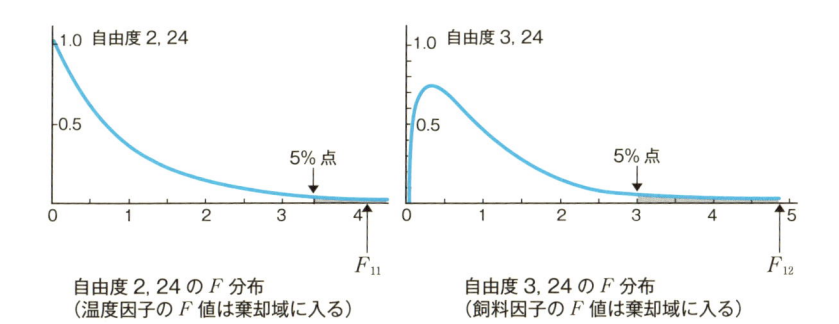

自由度2, 24のF分布
（温度因子のF値は棄却域に入る）

自由度3, 24のF分布
（飼料因子のF値は棄却域に入る）

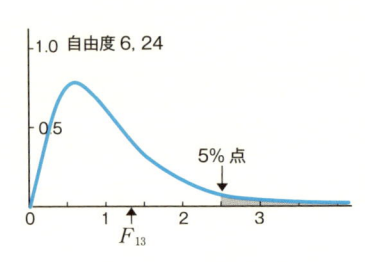

グラフに示すように、自由度2, 24、自由度3, 24、自由度6, 24のF分布の5%点は

$$\left.\begin{array}{l}\text{自由度}2, 24\text{の}F\text{分布の}5\%\text{点} = 3.40 \\ \text{自由度}3, 24\text{の}F\text{分布の}5\%\text{点} = 3.01 \\ \text{自由度}6, 24\text{の}F\text{分布の}5\%\text{点} = 2.51\end{array}\right\} \cdots(20)$$

図からわかるように、温度と飼料の効果は有意水準5%の棄却域に入っています。そこで仮説H_{10}、H_{20}は棄却されます。本節の資料からは、温度と飼料の効果が確かめられたのです。

これに対して、F_{13}の値は棄却域に入っていません。そこで、仮説H_{30}は棄却されません。温度と飼料が絡み合って特別な効果を生む交互作用は、この資料からは検証できないのです。

MEMO　自由度を合計すると

各効果の変動の自由度の和は資料に含まれるデータ数から1引いた値になります。

Q_{11}の自由度 + Q_{12}の自由度 + Q_{13}の自由度 + 変動Q_2の自由度
　　= 資料の総データ数 − 1

実際、本節では

　　$2 + 3 + 6 + 24 = 36 − 1$

最後の「1」は、偏差を扱っているためです。偏差の平均値が0になるので、自由度は1減るのです。

8-7 繰り返しのある二元配置の分散分析表 〜二元配置の分散分析表の完成(2)

前節(§6)では、繰り返しのある二元配置の分散分析の理屈を調べました。ところで、これまでと同様、この分析術は非常によく利用されるので、手順もしっかりまとめられています。その手順とは、§3、5同様、**分散分析表**の完成です。

ここでは、次の一般的な資料をもとに、分散分析の手順を示してみましょう。X、Yは因子名、$X_1, X_2, \cdots, X_l$、$Y_1, Y_2, \cdots, Y_k$は水準名、l、kはその水準数、nは繰り返しの数です。

		因子X			
		X_1	X_2	$\cdots$	X_l
因子Y	Y_1	$(a_{11})_1$	$(a_{21})_1$	$\cdots$	$(a_{l1})_1$
		$(a_{11})_2$	$(a_{21})_2$	$\cdots$	$(a_{l1})_2$
		$\cdots$	$\cdots$	$\cdots$	$\cdots$
		$(a_{11})_n$	$(a_{21})_n$	$\cdots$	$(a_{l1})_n$
	Y_2	$(a_{12})_1$	$(a_{22})_1$	$\cdots$	$(a_{l2})_1$
		$(a_{12})_2$	$(a_{22})_2$	$\cdots$	$(a_{l2})_2$
		$\cdots$	$\cdots$	$\cdots$	$\cdots$
		$(a_{12})_n$	$(a_{22})_n$	$\cdots$	$(a_{l2})_n$
	$\cdots$	$\cdots$	$\cdots$	$\cdots$	$\cdots$
	$\cdots$	$\cdots$	$\cdots$	$\cdots$	$\cdots$
	Y_k	$(a_{1k})_1$	$(a_{2k})_1$	$\cdots$	$(a_{lk})_1$
		$(a_{1k})_2$	$(a_{2k})_2$	$\cdots$	$(a_{lk})_2$
		$\cdots$	$\cdots$	$\cdots$	$\cdots$
		$(a_{1k})_n$	$(a_{2k})_n$	$\cdots$	$(a_{lk})_n$

一般的な資料。因子Xの水準数はl個、因子Yの水準数はk個、繰り返し数はn個とする。

❶ 変動の計算

因子Xの水準間変動Q_{11}、因子Yの水準間変動Q_{12}、交互作用の変動Q_{13}、純粋な統計誤差の変動Q_2とすると、これらは次のような式で与えられます。ここで、m_Tは全体平均、$m_{X1}, m_{X2}, \cdots, m_{Xl}$は因子$X$の各水準ごとの平均値、$m_{Y1}, m_{Y2}, \cdots, m_{Yk}$は因子$Y$の各水準ごとの平均値です。

また、m_{XiYj} は因子 X の水準 i と因子 Y の水準 j にある同一条件の n 個のデータの平均値とします。

因子 X の水準間変動
$$Q_{11} = nk\{(m_{X1}-m_T)^2 + (m_{X2}-m_T)^2 + \cdots + (m_{Xl}-m_T)^2\}$$

因子 Y の水準間変動
$$Q_{12} = nl\{(m_{Y1}-m_T)^2 + (m_{Y2}-m_T)^2 + \cdots + (m_{Yk}-m_T)^2\}$$

交互作用の変動
$$Q_{13} = n[\{(m_{X1Y1}-m_T) - (m_{X1}-m_T) - (m_{Y1}-m_T)\}^2 + \cdots + \{(m_{XlYk}-m_T) - (m_{Xl}-m_T) - (m_{Yk}-m_T)\}^2]$$

(純粋な) 統計誤差の変動
$$Q_2 = [\{(a_{11})_1 - m_{X1Y1}\}^2 + \{(a_{11})_2 - m_{X1Y1}\}^2 + \cdots + \{(a_{11})_n - m_{X1Y1}\}^2] + \cdots + [\{(a_{lk})_1 - m_{XlYk}\}^2 + \{(a_{lk})_2 - m_{XlYk}\}^2 + \cdots + \{(a_{lk})_n - m_{XlYk}\}^2]$$

前節(§6)で、この計算を実際に実行したのが(7)〜(10)の値です。これを、次の分散分析表に埋めてみましょう。

変動要因	変動	自由度	不偏分散	分散比	F境界値
行	21.95				
列	40.62				
交互作用	21.76				
誤差	65.77				

(注) 分散分析表にはいろいろなフォームがありますが、基本的にはこの表と同じです。
(注) 変動要因の項目にある「行」とは因子 Y を、「列」とは因子 X を表します。

❷ 自由度の計算

因子 X、Y は因子名の水準数が l、k、繰り返しの数が n です。すると、各変動の自由度は次のようになります。

因子 X の水準間変動 Q_{11} の自由度 $= l-1$

因子 Y の水準間変動 Q_{12} の自由度 $= k-1$

交互作用の変動 Q_{13} の自由度 $= (l-1)(k-1)$

統計誤差の自由度 $= (n-1)lk$

これが前節（§6）で調べた(11)〜(14)の値です。分散分析表に埋めてみましょう。

変動要因	変動	自由度	不偏分散	分散比	F境界値
行	21.95	2			
列	40.62	3			
交互作用	21.76	6			
誤差	65.77	24			

❸ 不偏分散の計算

変動を自由度で割ると不偏分散が得られます。すなわち、X、Yの水準間変動、交互作用の変動、そして統計誤差の不偏分散を各々 V_{11}、V_{12}、V_{13}、V_2 とすると、

$$V_{11} = \frac{Q_{11}}{l-1} 、 V_{12} = \frac{Q_{12}}{k-1} 、 V_{13} = \frac{Q_{13}}{(l-1)(k-1)} 、 V_2 = \frac{Q_2}{(n-1)lk}$$

これが前節で調べた(15)〜(18)の値です。分散分析表に埋めてみましょう。

変動要因	変動	自由度	不偏分散	分散比	F境界値
行	21.95	2	10.98		
列	40.62	3	13.54		
交互作用	21.76	6	3.63		
誤差	65.77	24	2.74		

❹ F値の計算

不偏分散 V_1、V_2 の比が F分布するので、次の F値を求めます。

$$F_{11} = \frac{V_{11}}{V_2} 、 F_{12} \frac{V_{12}}{V_2} 、 F_{13} = \frac{V_{13}}{V_2}$$

これが前節（§6）で調べた(19)です。分散分析表に埋めてみましょう。

変動要因	変動	自由度	不偏分散	分散比	F境界値
行	21.95	2	10.98	4.01	
列	40.62	3	13.54	4.94	
交互作用	21.76	6	3.63	1.32	
誤差	65.77	24	2.74		

（注）この表の「分散比」とは、これらF値のことです。

❺ F分布のパーセント点を求める

F_{11}、F_{12}、F_{13}は次の自由度のF分布に従います。

F_{11}：自由度$l-1$, $(n-1)lk$

F_{12}：自由度$k-1$, $(n-1)lk$

F_{13}：自由度$(l-1)(k-1)$, $(n-1)lk$

以上の自由度に対するF分布の5％点を求めます。これが前節（§6）で調べた(20)です。分散分析表に埋めてみましょう。

変動要因	変動	自由度	不偏分散	分散比	F境界値
行	21.95	2	10.98	4.01	3.40
列	40.62	3	13.54	4.94	3.01
交互作用	21.76	6	3.63	1.32	2.51
誤差	65.77	24	2.74		

（注）この表の「F境界値」とは有意水準に対するパーセント点のことです。

❻ F値とパーセント点の大小を比較

以上で、分散分析表が完成しました。

この表の分散比（すなわちF値）がF境界値（有意水準に対するパーセント点）より大きければ、帰無仮説は棄却されます。

例題を解いてみよう

(問) 前節の資料において、有意水準1%で次の仮説を検定する分散分析表を作成せよ。

H_{10}：温度の水準間の差異はない

H_{20}：飼料の水準間の差異はない

H_{30}：温度と飼料の交互作用はない

(解) 変更されるのは❺の「F境界値」のみです。自由度2, 24、3, 24、6, 24 のF分布の1%点（すなわちF境界値）は各々5.61、4.72、3.67なので、次のように表が完成します。

変動要因	変動	自由度	不偏分散	分散比	F境界値
行	21.95	2	10.98	4.01	5.61
列	40.62	3	13.54	4.94	4.72
交互作用	21.76	6	3.63	1.32	3.67
誤差	65.77	24	2.74		

この表から、行（すなわち温度）と交互作用の分散比（F値）は棄却域に入らず、帰無仮説H_{10}、H_{30}はともに棄却できません。それに対して、列（すなわち飼料）の分散比（F値）は棄却域に入るので、帰無仮説H_{20}は棄却されます。飼料の違いによる影響が、有意水準1%でも確かめられたことになります**(答)**

MEMO 実験計画と分散分析

分散分析は、実験計画法と呼ばれる分野と不可分の関係にあります。いま調べた飼料の例から分かるように、様々な実験の分析に利用されるからです。

付録A 対数と対数尤度

統計学が扱う関数の多くは、指数の形や積の形をしています。それらの計算には対数が便利です。積が和に変換されるからです。例えば、5章§2で扱った尤度関数を考えてみましょう。

$$L(p) = p^3(1-p)^2 \quad \cdots (1)$$

この式(1)の自然対数を調べてみましょう。

$$\log L(p) = \log p^3(1-p)^2 = 3\log p + 2\log(1-p) \quad \cdots (2)$$

（注）自然対数とは底がネイピア数e（$=2.718281\cdots$）の対数です。このとき、底は略されます。

大変見やすくなっています。このように、尤度についての対数をとった関数を対数尤度といいます。

対数尤度の最大値と、元の尤度関数の最大値とは一致します。したがって、対数尤度の最大値を調べれば、最尤推定値が得られます。

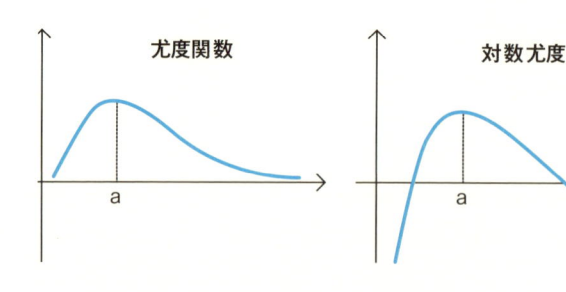

尤度関数

対数尤度

尤度関数の最大値を与える最尤推定値と、対数尤度の最尤推定値は一致

実際、例として対数尤度(2)を調べてみましょう。導関数を求めて、

$$(\log L(p))' = \frac{3}{p} - \frac{2}{1-p} = \frac{3-5p}{p(1-p)}$$

したがって、(2)が最大値になるのは次の場合です。

$$p = \frac{3}{5} = 0.6$$

これは本文5章§2の結果と一致しています。

付録B 重回帰方程式の一般的な解法

7章§4では、重回帰分析における重回帰方程式の導出の原理を調べました。そこでは、具体的な式の変形は省略しましたが、ここでその導出の式変形を追ってみましょう。　（注）$w=0$ と置くと、単回帰分析の証明となります。

一般的に次の資料があり、y を目的変数とし、w、x を説明変数とする回帰方程式を求める式を導出してみます。

個体番号	w	x	y
1	w_1	x_1	y_1
2	w_2	x_2	y_2
3	w_3	x_3	y_3
…	…	…	…
n	w_n	x_n	y_n

まず、回帰方程式を次のようにおきます。

$$\hat{y} = aw + bx + c \qquad (a、b、c は定数)$$

すると残差平方和 Q は

$$Q = \{y_1-(aw_1+bx_1+c)\}^2 + \{y_2-(aw_2+bx_2+c)\}^2 + \cdots + \{y_n-(aw_n+bx_n+c)\}^2 \quad \cdots(1)$$

これを最小にする a、b、c の値を求めたいので、微分積分学の定理から次の関係が成立します。

$$\frac{\partial Q}{\partial a}=0、\frac{\partial Q}{\partial b}=0、\frac{\partial Q}{\partial c}=0 \quad \cdots(2)$$

この最後の式を実際に計算してみましょう。

$$\frac{\partial Q}{\partial c} = -2[\{y_1-(aw_1+bx_1+c)\}+\{y_2-(aw_2+bx_2+c)\}+\cdots+\{y_n-(aw_n+bx_n+c)\}] = 0$$

展開し、まとめ直してみましょう。

$$y_1+y_2+\cdots+y_n = a(w_1+w_2+\cdots+w_n)+b(x_1+x_2+\cdots+x_n)+nc$$

両辺を n で割ると、平均値の定義から次の式が得られます。

$$\bar{y} = a\bar{w}+b\bar{x}+c \quad \cdots(3)$$

このことは、回帰方程式の描く平面（回帰平面）上に平均値を表す点 $(\overline{w}, \overline{x}, \overline{y})$ が存在することを表しています（右図）。

(3)式から c を求め、(1)式に代入してみましょう。

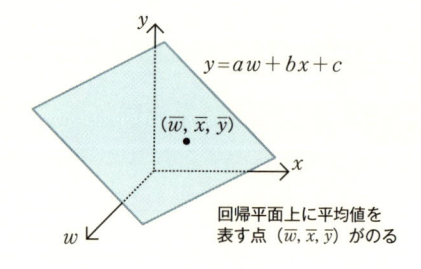

$$Q = \{y_1 - \overline{y} - a(w_1 - \overline{w}) - b(x_1 - \overline{x})\}^2 +$$
$$\cdots + \{y_n - \overline{y} - a(w_n - \overline{w}) - b(x_n - \overline{x})\}^2$$

ここで(2)の最初の二つの微分を実行してみましょう。

$$\frac{\partial Q}{\partial a} = -2[\{y_1 - \overline{y} - a(w_1 - \overline{w}) - b(x_1 - \overline{x})\}(w_1 - \overline{w})$$
$$+ \cdots + \{y_n - \overline{y} - a(w_n - \overline{w}) - b(x_n - \overline{x})\}(w_n - \overline{w})] = 0$$

$$\frac{\partial Q}{\partial b} = -2[\{y_1 - \overline{y} - a(w_1 - \overline{w}) - b(x_1 - \overline{x})\}(x_1 - \overline{x})$$
$$+ \cdots + \{y_n - \overline{y} - a(w_n - \overline{w}) - b(x_n - \overline{x})\}(x_n - \overline{x})] = 0$$

展開し変数ごとにまとめて両辺を n で割ってみましょう。分散、共分散の定義から、次の式が得られます。

$$\left. \begin{array}{l} s_w^2 a + s_{xw} b = s_{wy} \\ s_{xw} a + s_x^2 b = s_{xy} \end{array} \right\} \quad \cdots (4)$$

これと(3)とが係数 a、b、c を求める連立方程式になります。

ちなみに、(4)は行列の形で次のように表されます。

$$\begin{pmatrix} s_w^2 & s_{xw} \\ s_{xw} & s_x^2 \end{pmatrix} \begin{pmatrix} a \\ b \end{pmatrix} = \begin{pmatrix} s_{wy} \\ s_{xy} \end{pmatrix}$$

このように表すると、3変数以上の重回帰分析に一般化することが容易になります。ちなみに、$\begin{pmatrix} s_w^2 & s_{xw} \\ s_{xw} & s_x^2 \end{pmatrix}$ を **分散共分散行列** といいます。

付録C LINEST関数を利用して回帰分析

　LINEST関数で重回帰分析する方法を調べましょう。7章§4のデータを用いて、そのLINEST関数を用いて分析した結果が下図です。7章§4では回帰方程式が次のように得られましたが、LINEST関数の出力と合致していることを確かめてください。

$$\hat{y} = 0.97x + 0.87w + 202.4$$

G4		f_x	{=LINEST(E4:E23,C4:D23,,TRUE)}					
	A	B	C	D	E	F	G	H	I
1		就職試験結果							
2		社員番号	筆記試験	面接試験	3年後給与				
3			x	w	y		LINEST関数		
4		1	65	83	345		0.87	0.97	202.41
5		2	98	63	351		0.15	0.19	17.92
6		3	68	83	344		0.79	10.36	#N/A
7		4	64	96	338		32.81	17	#N/A
8		5	61	55	299		7039.25	1823.75	#N/A
9		6	92	95	359				
10		7	65	69	322				
21		18	83	92	361				
22		19	63	70	326				
23		20	78	98	387				
24					(万円)				

7章§4のデータをLINEST関数で分析した結果

　この図で、LINEST関数の出力結果をセル範囲G4:I8に示しておきました。これらの数値の解釈は下表に従います。

wの係数	xの係数	切片
wの係数の標準誤差	xの係数の標準誤差	切片の標準誤差
決定係数	回帰方程式の標準誤差	
回帰分散／残差分散	残差の自由度	
回帰式の偏差平方和	残差の平方和	

付録 D Excelで分散分析

　分散分析は、統計解析の中でも、もっとも利用頻度の高い分析術です。そこで、汎用ソフトのExcelに、そのためのツールが用意されています。これを利用して、一元配置の分散分析（8章§2）の内容を確かめてみましょう。

（注）二元配置の分散分析も同様に行えます。

　この機能を利用するには、「データ」メニューの「分析」欄にある「データ分析」を選択します。得られるダイアログボックスから「分散分析：一元配置」を選びます。

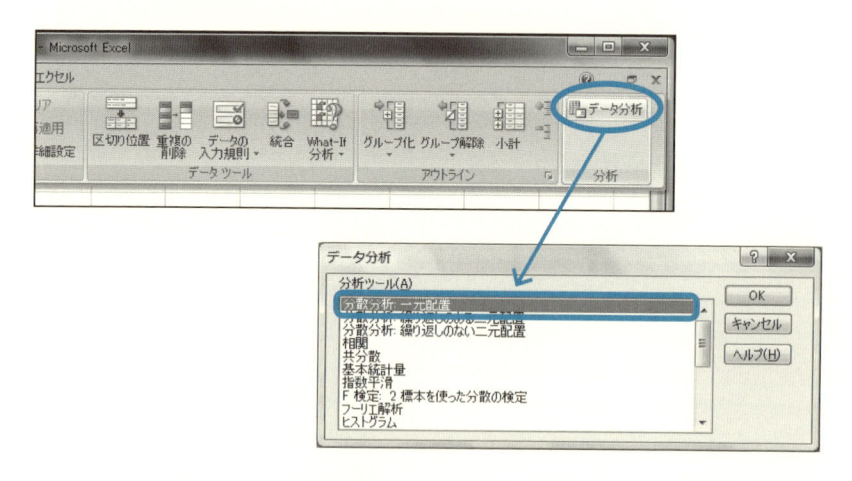

データの入力と有意水準の指定をするためのダイアログボックスが表示されるので、該当項目を設定します。

（注）「データ分析」はアドインのため、利用にはインストール作業が必要です。

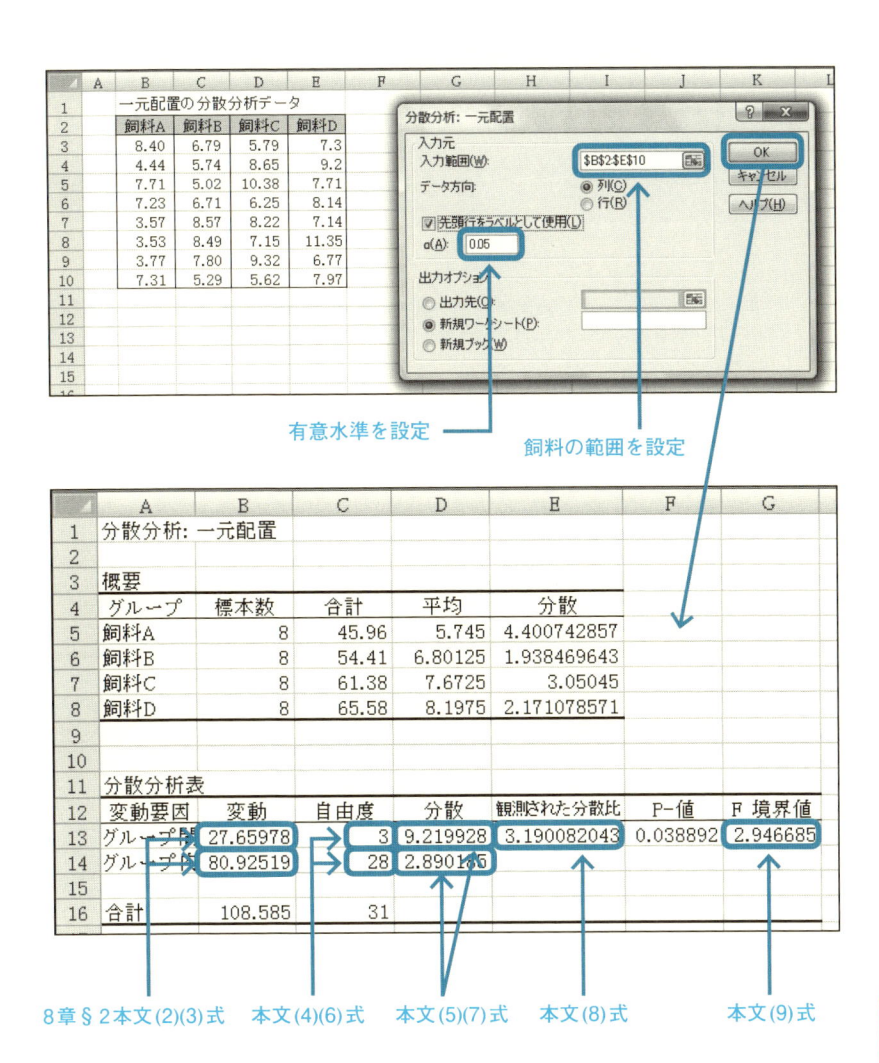

	A	B	C	D	E
1	一元配置の分散分析データ				
2		飼料A	飼料B	飼料C	飼料D
3		8.40	6.79	5.79	7.3
4		4.44	5.74	8.65	9.2
5		7.71	5.02	10.38	7.71
6		7.23	6.71	6.25	8.14
7		3.57	8.57	8.22	7.14
8		3.53	8.49	7.15	11.35
9		3.77	7.80	9.32	6.77
10		7.31	5.29	5.62	7.97

分散分析: 一元配置
- 入力元 入力範囲(W): $B$2:$E$10
- データ方向: 列(C)
- ☑ 先頭行をラベルとして使用(L)
- α(A): 0.05
- 出力オプション: 新規ワークシート(P)

有意水準を設定 — 飼料の範囲を設定

	A	B	C	D	E	F	G
1	分散分析: 一元配置						
2							
3	概要						
4	グループ	標本数	合計	平均	分散		
5	飼料A	8	45.96	5.745	4.400742857		
6	飼料B	8	54.41	6.80125	1.938469643		
7	飼料C	8	61.38	7.6725	3.05045		
8	飼料D	8	65.58	8.1975	2.171078571		
9							
10							
11	分散分析表						
12	変動要因	変動	自由度	分散	観測された分散比	P-値	F 境界値
13	グループ間	27.65978	3	9.219928	3.190082043	0.038892	2.946685
14	グループ内	80.92519	28	2.890186			
15							
16	合計	108.585	31				

- 8章§2本文(2)(3)式
- 本文(4)(6)式
- 本文(5)(7)式
- 本文(8)式
- 本文(9)式

8章§2で調べた計算結果がすべてこの「分散分析表」の中にまとめられています。

(注) この「分散分析表」の中の「P値」とは「観測された分散比」(すなわち F 値) に対する点の p 値を表します。

付録 E 統計のためのExcel関数

よく利用されるExcelの統計関数をまとめます。

名称	Excelの関数	Excelの関数の意味
平均値	AVERAGE	平均値の計算
分散	VAR	不偏分散を計算
	VARP	標本分散を計算
標準偏差	STDEV	不偏分散から算出した標準偏差を計算
	STDEVP	標本分散から算出した標準偏差を計算
変動	DEVSQ	変動(偏差平方和)を計算
正規分布	NORMDIST	正規分布の確率密度関数の値、または累積分布関数の値を算出
	NORMINV	正規分布の累積密度関数の逆関数。正規乱数を発生できる
標準正規分布	NORMSDIST	標準正規分布の累積分布関数の値を算出
	NORMSINV	標準正規分布の累積分布関数の逆関数。標準正規乱数を発生できる
二項分布	BINOMDIST	二項分布の値を算出
ポアソン分布	POISSON	ポアソン分布の値を算出
F分布	FDIST	F分布の確率密度関数の値を計算
	FINV	F分布の$100p$%点を計算
χ^2分布	CHIDIST	χ^2分布のp値を計算
	CHIINV	χ^2分布の$100p$%点を計算
t分布	TDIST	t分布のp値を計算
	TINV	t分布の$100p$%点を計算
一様乱数	RAND()	0から1までの一様乱数を発生

付録 F 正規分布表

与えられた x に対して、$0 \leq X \leq x$ に対する正規分布の確率 $P(0 \leq X \leq x)$ を与えます。

（注）正規分布表については、3章§5をご覧下さい。

x	0.00	0.01	0.02	0.03	0.04	0.05	0.06	0.07	0.08	0.09
0.0	0.0000	0.0040	0.0080	0.0120	0.0160	0.0199	0.0239	0.0279	0.0319	0.0359
0.1	0.0398	0.0438	0.0478	0.0517	0.0557	0.0596	0.0636	0.0675	0.0714	0.0753
0.2	0.0793	0.0832	0.0871	0.0910	0.0948	0.0987	0.1026	0.1064	0.1103	0.1141
0.3	0.1179	0.1217	0.1255	0.1293	0.1331	0.1368	0.1406	0.1443	0.1480	0.1517
0.4	0.1554	0.1591	0.1628	0.1664	0.1700	0.1736	0.1772	0.1808	0.1844	0.1879
0.5	0.1915	0.1950	0.1985	0.2019	0.2054	0.2088	0.2123	0.2157	0.2190	0.2224
0.6	0.2257	0.2291	0.2324	0.2357	0.2389	0.2422	0.2454	0.2486	0.2517	0.2549
0.7	0.2580	0.2611	0.2642	0.2673	0.2704	0.2734	0.2764	0.2794	0.2823	0.2852
0.8	0.2881	0.2910	0.2939	0.2967	0.2995	0.3023	0.3051	0.3078	0.3106	0.3133
0.9	0.3159	0.3186	0.3212	0.3238	0.3264	0.3289	0.3315	0.3340	0.3365	0.3389
1.0	0.3413	0.3438	0.3461	0.3485	0.3508	0.3531	0.3554	0.3577	0.3599	0.3621
1.1	0.3643	0.3665	0.3686	0.3708	0.3729	0.3749	0.3770	0.3790	0.3810	0.3830
1.2	0.3849	0.3869	0.3888	0.3907	0.3925	0.3944	0.3962	0.3980	0.3997	0.4015
1.3	0.4032	0.4049	0.4066	0.4082	0.4099	0.4115	0.4131	0.4147	0.4162	0.4177
1.4	0.4192	0.4207	0.4222	0.4236	0.4251	0.4265	0.4279	0.4292	0.4306	0.4319
1.5	0.4332	0.4345	0.4357	0.4370	0.4382	0.4394	0.4406	0.4418	0.4429	0.4441
1.6	0.4452	0.4463	0.4474	0.4484	0.4495	0.4505	0.4515	0.4525	0.4535	0.4545
1.7	0.4554	0.4564	0.4573	0.4582	0.4591	0.4599	0.4608	0.4616	0.4625	0.4633
1.8	0.4641	0.4649	0.4656	0.4664	0.4671	0.4678	0.4686	0.4693	0.4699	0.4706
1.9	0.4713	0.4719	0.4726	0.4732	0.4738	0.4744	0.4750	0.4756	0.4761	0.4767
2.0	0.4772	0.4778	0.4783	0.4788	0.4793	0.4798	0.4803	0.4808	0.4812	0.4817
2.1	0.4821	0.4826	0.4830	0.4834	0.4838	0.4842	0.4846	0.4850	0.4854	0.4857
2.2	0.4861	0.4864	0.4868	0.4871	0.4875	0.4878	0.4881	0.4884	0.4887	0.4890
2.3	0.4893	0.4896	0.4898	0.4901	0.4904	0.4906	0.4909	0.4911	0.4913	0.4916
2.4	0.4918	0.4920	0.4922	0.4925	0.4927	0.4929	0.4931	0.4932	0.4934	0.4936
2.5	0.4938	0.4940	0.4941	0.4943	0.4945	0.4946	0.4948	0.4949	0.4951	0.4952
2.6	0.4953	0.4955	0.4956	0.4957	0.4959	0.4960	0.4961	0.4962	0.4963	0.4964
2.7	0.4965	0.4966	0.4967	0.4968	0.4969	0.4970	0.4971	0.4972	0.4973	0.4974
2.8	0.4974	0.4975	0.4976	0.4977	0.4977	0.4978	0.4979	0.4979	0.4980	0.4981
2.9	0.4981	0.4982	0.4982	0.4983	0.4984	0.4984	0.4985	0.4985	0.4986	0.4986
3.0	0.4987	0.4987	0.4987	0.4988	0.4988	0.4989	0.4989	0.4989	0.4990	0.4990

付録 G t分布表

与えられた自由度と確率 P に対して、その両側 100 P ％点を表示します。

自由度\P	0.2	0.1	0.05	0.02	0.01	0.001
1	3.0777	6.3138	12.7062	31.8205	63.6567	636.6192
2	1.8856	2.9200	4.3027	6.9646	9.9248	31.5991
3	1.6377	2.3534	3.1824	4.5407	5.8409	12.9240
4	1.5332	2.1318	2.7764	3.7469	4.6041	8.6103
5	1.4759	2.0150	2.5706	3.3649	4.0321	6.8688
6	1.4398	1.9432	2.4469	3.1427	3.7074	5.9588
7	1.4149	1.8946	2.3646	2.9980	3.4995	5.4079
8	1.3968	1.8595	2.3060	2.8965	3.3554	5.0413
9	1.3830	1.8331	2.2622	2.8214	3.2498	4.7809
10	1.3722	1.8125	2.2281	2.7638	3.1693	4.5869
11	1.3634	1.7959	2.2010	2.7181	3.1058	4.4370
12	1.3562	1.7823	2.1788	2.6810	3.0545	4.3178
13	1.3502	1.7709	2.1604	2.6503	3.0123	4.2208
14	1.3450	1.7613	2.1448	2.6245	2.9768	4.1405
15	1.3406	1.7531	2.1314	2.6025	2.9467	4.0728
16	1.3368	1.7459	2.1199	2.5835	2.9208	4.0150
17	1.3334	1.7396	2.1098	2.5669	2.8982	3.9651
18	1.3304	1.7341	2.1009	2.5524	2.8784	3.9216
19	1.3277	1.7291	2.0930	2.5395	2.8609	3.8834
20	1.3253	1.7247	2.0860	2.5280	2.8453	3.8495
21	1.3232	1.7207	2.0796	2.5176	2.8314	3.8193
22	1.3212	1.7171	2.0739	2.5083	2.8188	3.7921
23	1.3195	1.7139	2.0687	2.4999	2.8073	3.7676
24	1.3178	1.7109	2.0639	2.4922	2.7969	3.7454
25	1.3163	1.7081	2.0595	2.4851	2.7874	3.7251
26	1.3150	1.7056	2.0555	2.4786	2.7787	3.7066
27	1.3137	1.7033	2.0518	2.4727	2.7707	3.6896
28	1.3125	1.7011	2.0484	2.4671	2.7633	3.6739
29	1.3114	1.6991	2.0452	2.4620	2.7564	3.6594
30	1.3104	1.6973	2.0423	2.4573	2.7500	3.6460
31	1.3095	1.6955	2.0395	2.4528	2.7440	3.6335
32	1.3086	1.6939	2.0369	2.4487	2.7385	3.6218
33	1.3077	1.6924	2.0345	2.4448	2.7333	3.6109
34	1.3070	1.6909	2.0322	2.4411	2.7284	3.6007
35	1.3062	1.6896	2.0301	2.4377	2.7238	3.5911
36	1.3055	1.6883	2.0281	2.4345	2.7195	3.5821
37	1.3049	1.6871	2.0262	2.4314	2.7154	3.5737
38	1.3042	1.6860	2.0244	2.4286	2.7116	3.5657
39	1.3036	1.6849	2.0227	2.4258	2.7079	3.5581
40	1.3031	1.6839	2.0211	2.4233	2.7045	3.5510

付録 H　F 分布表

与えられた自由度に対して、F 分布の上側2.5%点、下側2.5%点を表示します。

F 分布の上側2.5%点

自由度2 \ 自由度1	1	2	3	4	5	6	7	8	9	10
1	647.789	799.500	864.163	899.583	921.848	937.111	948.217	956.656	963.285	968.627
2	38.506	39.000	39.165	39.248	39.298	39.331	39.355	39.373	39.387	39.398
3	17.443	16.044	15.439	15.101	14.885	14.735	14.624	14.540	14.473	14.419
4	12.218	10.649	9.979	9.605	9.364	9.197	9.074	8.980	8.905	8.844
5	10.007	8.434	7.764	7.388	7.146	6.978	6.853	6.757	6.681	6.619
6	8.813	7.260	6.599	6.227	5.988	5.820	5.695	5.600	5.523	5.461
7	8.073	6.542	5.890	5.523	5.285	5.119	4.995	4.899	4.823	4.761
8	7.571	6.059	5.416	5.053	4.817	4.652	4.529	4.433	4.357	4.295
9	7.209	5.715	5.078	4.718	4.484	4.320	4.197	4.102	4.026	3.964
10	6.937	5.456	4.826	4.468	4.236	4.072	3.950	3.855	3.779	3.717

F 分布の下側2.5%点

自由度2 \ 自由度1	1	2	3	4	5	6	7	8	9	10
1	0.002	0.026	0.057	0.082	0.100	0.113	0.124	0.132	0.139	0.144
2	0.001	0.026	0.062	0.094	0.119	0.138	0.153	0.165	0.175	0.183
3	0.001	0.026	0.065	0.100	0.129	0.152	0.170	0.185	0.197	0.207
4	0.001	0.025	0.066	0.104	0.135	0.161	0.181	0.198	0.212	0.224
5	0.001	0.025	0.067	0.107	0.140	0.167	0.189	0.208	0.223	0.236
6	0.001	0.025	0.068	0.109	0.143	0.172	0.195	0.215	0.231	0.246
7	0.001	0.025	0.068	0.110	0.146	0.176	0.200	0.221	0.238	0.253
8	0.001	0.025	0.069	0.111	0.148	0.179	0.204	0.226	0.244	0.259
9	0.001	0.025	0.069	0.112	0.150	0.181	0.207	0.230	0.248	0.265
10	0.001	0.025	0.069	0.113	0.151	0.183	0.210	0.233	0.252	0.269

付録 I χ^2 分布表

与えられた自由度と確率Pに対して、χ^2分布の上側100P%点を表示します。

P\自由度	0.995	0.99	0.975	0.025	0.01	0.005
1	0.0000	0.0002	0.0010	5.0239	6.6349	7.8794
2	0.0100	0.0201	0.0506	7.3778	9.2103	10.5966
3	0.0717	0.1148	0.2158	9.3484	11.3449	12.8382
4	0.2070	0.2971	0.4844	11.1433	13.2767	14.8603
5	0.4117	0.5543	0.8312	12.8325	15.0863	16.7496
6	0.6757	0.8721	1.2373	14.4494	16.8119	18.5476
7	0.9893	1.2390	1.6899	16.0128	18.4753	20.2777
8	1.3444	1.6465	2.1797	17.5345	20.0902	21.9550
9	1.7349	2.0879	2.7004	19.0228	21.6660	23.5894
10	2.1559	2.5582	3.2470	20.4832	23.2093	25.1882
11	2.6032	3.0535	3.8157	21.9200	24.7250	26.7568
12	3.0738	3.5706	4.4038	23.3367	26.2170	28.2995
13	3.5650	4.1069	5.0088	24.7356	27.6882	29.8195
14	4.0747	4.6604	5.6287	26.1189	29.1412	31.3193
15	4.6009	5.2293	6.2621	27.4884	30.5779	32.8013
16	5.1422	5.8122	6.9077	28.8454	31.9999	34.2672
17	5.6972	6.4078	7.5642	30.1910	33.4087	35.7185
18	6.2648	7.0149	8.2307	31.5264	34.8053	37.1565
19	6.8440	7.6327	8.9065	32.8523	36.1909	38.5823
20	7.4338	8.2604	9.5908	34.1696	37.5662	39.9968
21	8.0337	8.8972	10.2829	35.4789	38.9322	41.4011
22	8.6427	9.5425	10.9823	36.7807	40.2894	42.7957
23	9.2604	10.1957	11.6886	38.0756	41.6384	44.1813
24	9.8862	10.8564	12.4012	39.3641	42.9798	45.5585
25	10.5197	11.5240	13.1197	40.6465	44.3141	46.9279
26	11.1602	12.1981	13.8439	41.9232	45.6417	48.2899
27	11.8076	12.8785	14.5734	43.1945	46.9629	49.6449
28	12.4613	13.5647	15.3079	44.4608	48.2782	50.9934
29	13.1211	14.2565	16.0471	45.7223	49.5879	52.3356
30	13.7867	14.9535	16.7908	46.9792	50.8922	53.6720

INDEX

記号・英数字

χ^2分布 71, 73, 238
   Excelの利用 136
χ^2分布表 73, 242
Σ記号 25, 51
1次データ 16
2項分布 101
AVERAGE 238
BINOMDIST 238
CHIDIST 73, 238
CHIINV 73, 136, 238
CORREL 40
COVAR 40
DEVSQ 31, 238
Excelの統計機能
   χ^2分布 73
   χ^2のパーセント点 136
   F分布のパーセント点 76, 170
   t分布のパーセント点 123
   回帰方程式の求め方 179
   共分散の求め方 40
   グラフ機能 23
   決定係数 183
   重回帰分析 190, 235
   相関係数 40
   統計関数表 238
   度数分布表の作成 21
   パーセント点の求め方 64, 82
   標準偏差 31
   標準正規分布 67
   分散 31, 236
   変動 31
   ポアソン分布 79
   累積分布関数 67
FDIST 238
FINV 76, 170, 238
FREQUENCY 21
F分布 74, 200, 238
   Excelの利用 76, 170
F分布表 76, 241
INTERCEPT 179
LINEST 179, 190, 235
NORMDIST 238
NORMINV 64, 82, 238
NORMSDIST 67, 238
NORMSINV 67, 238
p値 48
   グラフの変化 61
PEARSON 40
POISSON 79, 238
RAND 238
RSQ 183
SLOPE 179
STDEV 31, 238
STDEVP 31, 238
TDIST 238
TINV 123, 238
t分布 68, 101, 238
   Excelの利用 123
t分布表 70, 240
VAR 31, 238
VARP 31, 238

INDEX

あ行

- 一元配置 193, 195
- 一様分布 56
- 一様乱数 238
- 一致推定量 92
- 一致性 91
- 因子 193

か行

- 回帰係数 175
- 回帰直線 173
- 回帰方程式 173, 185
- 　Excelの利用 179
- 階級 19
- 階級値 19
- 階級幅 19
- 階乗 60
- 確率 42
- 確率分布 45
- 確率分布表 45
- 確率変数 44, 53
- 確率密度関数 45, 51, 56
- 過誤 147
- 仮説 138
- 片側検定 143
- 間隔尺度 17
- ガンマ関数 74
- 棄却域 141
- 危険率 141
- 記述統計学 14

か行（続き）

- 疑似乱数 86
- 期待値 50
- 帰無仮説 139, 147, 152
- 共分散 36
- 　Excelの利用 40
- 極限分布 78
- 区間推定 102, 110
- グラフ化 22
- 　Excelの利用 23
- 決定係数 181, 188
- 　Excelの利用 183
- 検定 138
- 誤差関数 63
- 個体 16
- 個体名 16
- 個票 16
- コレスポンデンス分析 18
- 根元事象 43

さ行

- 最小2乗法 177
- 採択 142
- 最頻値（モード） 15, 26, 101
- 最尤推定法 103
- 最尤推定値 104
- 残差平方和 176, 187
- 散布図 23, 34
- サンプル 84
- 視覚化 14
- 時系列分析 184

試行	42
事象	42
実験計画法	231
実測値	173
質的データ	17
尺度	17
重回帰分析	185
Excelの利用	190, 235
重回帰方程式	233
重相関係数	184
従属変数	173
自由度	68, 94
自由調整済み決定係数	189
順序尺度	17
資料	
グラフ化	22
視覚化	14
数値化	15
整理	15
信頼区間	110
信頼度	107, 110, 113, 119, 126
水準	193
水準間偏差	197
水準内偏差	197
推測統計学	14, 100
推定値	89, 100, 101
推定量	89, 101
数値化	15
数量化Ⅰ類〜Ⅳ類	18
スチューデント分布	68
スピアマンの順位相関係数	40
正規分布	62, 96, 101, 238
標準化	65
正規分布近似	80
正規分布表	66, 239
正規母集団	86, 112, 118, 133
正の相関	35
切片	175
説明変数	173, 186
線形の単回帰分析	172
全変動	206, 213
相関係数	38
Excelの利用	40
相関図	34
相関はない	35
交互作用	218
相対度数分布表	20
総変動	206, 213

た行

第一種の誤り	147
大数の法則	128
対数尤度	232
第二種の誤り	147
代表値	24
対立仮説	139, 145, 152
多元配置	193
多変量解析	35
単回帰分析	172
中央値(メジアン)	15, 25, 101

INDEX

中心極限定理	26, 98, 125
点推定	102
統計誤差	210
統計資料	27
統計資料用語	16
統計的仮説	138
統計的検定	138
統計的な推定	100
統計量	88, 101
独立変数	173
度数	19
度数折れ線	23
度数分布表	19
Excelの利用	21
相対度数分布表	20
分散の算出	31
平均値	25
累積度数分布表	20

な行

二元配置	193, 207, 214, 218
二項分布	60, 80, 238
Excelの利用	153
ネイピア数	62, 65, 71, 77

は行

パーセント点	47
Excelの利用	64, 82
標準正規分布表	67
パラメータ	84, 87
半整数補正	80

ヒストグラム	22
左側検定	143, 145, 152
非復元抽出	85
標準化	54
確率変数	53
正規分布	65
変量	32
標準正規分布	65, 238
Excelの利用	67
標準偏差	15, 29, 52, 238
Excelの利用	31
標本	84, 87
標本空間	43
標本誤差	111
標本分散	91
標本分布	88, 101
標本平均	88, 96
標本変動	92, 100
比例尺度	17
復元抽出	85
負の相関	35
不偏推定量	90
不偏性	26, 90
不偏分散	89, 133
不偏分散の比	201
分散	15, 29, 101, 238
Excelの利用	31
自由度	95
分散既知	112
分散共分散行列	234
分散分析	192, 207

Excelの利用	236
分散分析表	203, 214
分散未知	118
平均値	15, 24, 49, 101, 238
平均偏差	30
ベルヌーイ分布	58
偏回帰係数	186
変換公式	
確率変数	53
証明	54
偏差	28, 220
偏差平方和	29
変動	28, 180, 238
Excelの利用	31
変量	16
標準化	32
ポアソン分布	77, 238
Excelの利用	79
母集団	84, 87
母集団分布	87, 101
母数	84, 87, 100, 101
母比率	130, 158
母比率の差	164
母分散	101
母分散の比	167
母平均	101, 155
母平均の差	161
母平均の推定	112, 118

ま行

右側検定	143, 145, 152
無作為抽出	85
無作為標本	85
名義尺度	17
メジアン(中央値)	15, 25, 101
モード(最頻値)	15, 26, 101
目的変数	173, 186

や行

有意水準	141, 147
有効推定量	93
尤度関数	103, 232
要素	84
予測値	173, 186

ら行

離散一様分布	57
両側検定	143, 145, 152
量的データ	17
累積度数分布表	20
累積分布関数	47
Excelの利用	67
ローソク足チャート	15

【著者】

涌井　良幸（わくい　よしゆき）
1950年東京生まれ。東京教育大学数学科を卒業後、教職に就く。現在、千葉県立高等学校数学教諭を務め、コンピュータを活用した教育法や統計学の研究に専念。

涌井　貞美（わくい　さだみ）
1952年東京生まれ。東京大学理学系研究科修士課程修了後、富士通、神奈川県立高等学校教員を経て、サイエンスライターとして独立。

【著述歴】

共著として「道具としてのベイズ統計」「図解でわかる多変量解析」「図解でわかる回帰分析」「図解でわかる統計解析用語辞典」(以上、日本実業出版社)、「困ったときのパソコン文字解決字典」「ピタリとわかる統計解析のための数学」(以上、誠文堂新光社)、「パソコンで遊ぶ数学実験」(講談社ブルーバックス)、「大学入試の『抜け道』数学」(学生社)、ほか多数。

カバーイラスト	● ゆずりはさとし
カバー・本文デザイン	● 下野剛（志岐デザイン事務所）
本文レイアウト・図版	● 伊勢歩（BUCH⁺）
編集協力	● 飯野牧夫

ファーストブック
統計解析がわかる
とうけいかいせき

2010年 7月10日　初版　第 1 刷発行
2024年10月18日　初版　第10刷発行

著　者　　涌井良幸
　　　　　涌井貞美
発行者　　片岡巌
発行所　　株式会社技術評論社
　　　　　東京都新宿区市谷左内町 21-13
　　　　　電話　03-3513-6150 販売促進部
　　　　　　　　03-3267-2270 書籍編集部
印刷／製本　株式会社加藤文明社

定価はカバーに表示してあります。

本書の一部または全部を著作権法の定める範囲を越え、無断で複写、複製、転載、テープ化、ファイルに落とすことを禁じます。

©2010　涌井良幸、涌井貞美

造本には細心の注意を払っておりますが、万一、乱丁（ページの乱れ）や落丁（ページの抜け）がございましたら、小社販売促進部までお送りください。送料小社負担にてお取り替えいたします。

ISBN978-4-7741-4270-8 C3041

Printed In Japan

本書へのご意見、ご感想は、技術評論社ホームページ(http://gihyo.jp/)または以下の宛先へ書面にてお受けしております。電話でのお問い合わせにはお答えいたしかねますので、あらかじめご了承ください。

〒162-0846
東京都新宿区市谷左内町21-13
株式会社技術評論社書籍編集部
『統計解析がわかる』係